室内装饰构造做法与节点图解

主　编　张　灿（江苏工程职业技术学院）

夏莉莉（成都航空职业技术学院）

黄小蕾（青岛滨海学院）

副主编　曾俊华（西南民族大学）

王玉霞（合肥财经职业学院）

任　健（江苏工程职业学院）

陈　佳（绵阳城市学院）

贺　丹（常州纺织服装职业技术学院）

吉林大学出版社

·长春·

图书在版编目（CIP）数据

室内装饰构造做法与节点图解 / 张灿, 夏莉莉, 黄
小蕾主编. -- 长春 : 吉林大学出版社, 2023.7
ISBN 978-7-5768-1871-0

Ⅰ.①室… Ⅱ.①张… ②夏… ③黄… Ⅲ.①室内装
饰–工程施工–图解 Ⅳ.①TU767-64

中国国家版本馆CIP数据核字(2023)第133268号

书　　名：室内装饰构造做法与节点图解
SHINEI ZHUANGSHI GOUZAO ZUOFA YU JIEDIAN TUJIE

作　　者：张　灿　夏莉莉　黄小蕾
策划编辑：张宏亮
责任编辑：甄志忠
责任校对：魏丹丹
装帧设计：雅硕图文
出版发行：吉林大学出版社
社　　址：长春市人民大街4059号
邮政编码：130021
发行电话：0431-89580028/29/21
网　　址：http://www.jlup.com.cn
电子邮箱：jldxcbs@sina.com
印　　刷：凯德印刷（天津）有限公司
开　　本：787mm × 1092mm　　　1/16
印　　张：13.5
字　　数：250千字
版　　次：2023年7月　第1版
印　　次：2024年1月　第1次
书　　号：ISBN 978-7-5768-1871-0
定　　价：58.00元

前　　言

　　《室内装饰构造做法与节点图解》是一本详细介绍室内装饰装修中吊顶工程、墙面工程、楼地面工程、饰面工程、门窗工程等各项工程施工工艺与构造做法的书籍。本书编写的依据是国家发布的《建筑装饰装修工程质量验收规范》（GB 50210—2018）、《住宅装饰装修工程施工规范》（BG 50327—2001）以及《建筑内部装修设计防火规范》（GB 50222—2017）等国家标准。书中以图解方式列举了常见的工艺做法，为读者提供了翔实的施工指导和参考。

　　本教材是进行室内装饰施工技术教学的重要工具，旨在为学生提供高质量的技能培养和理论知识的支持。教材的编写遵循先进性、针对性和规范性的原则，将理论与实践相结合，注重培养学生的逻辑思维和实践能力。教材内容具有应用性强、操作性强、易于理解的特点，适用于高职院校建筑室内设计等相关专业学生学习，同时也可作为建筑室内装饰技术人员的技术参考书，促进高效的装饰施工技术成果在装饰工程中的推广应用。

目　录

第一章　顶棚装饰装修与构造节点

第一节　顶棚的基础知识

顶棚是位于建筑物楼屋盖下表面的装饰构件，又叫天花板、天棚或吊顶，它组成了建筑室内空间三大界面的顶界面，是室内空间重要的组成部分。顶棚装饰装修是指在室内空间的上部通过不同的构造做法，将各种材料组合成不同的装饰组成形式，是室内装饰工程施工的重点。

一、顶棚的基础功能

（一）装饰美化室内空间

室内的顶棚在装饰中具有至关重要的地位。通过不同形状、多彩灯光和各种材质的运用，为整个空间带来了视觉冲击力，并赋予了室内空间独特的个性化处理。此外，顶棚的处理还可以为整个室内空间的环境氛围增添一份独特的气息。

室内的顶棚设计与构造方法对空间感受产生了显著的影响。它们可以扩大或延伸空间感，营造出亲切温暖的氛围，以满足人们生理和心理上不同的需求。此外，通过对顶棚的装饰和装修处理，可以弥补原有建筑结构的不足，如调整实际空间使用高度。同时，顶棚的处理也能够丰富室内空间的光源层次，产生多变的光影形式，提升照明效果和视觉观感。通过选择不同色彩、纹理和质感的材料，顶棚装饰可以进一步提升室内空间的视觉效果和装饰性。对于建筑室内空间的原有照明线路单一、照明设备简陋等问题，顶棚装饰装修也提供了解决方案，可以通过点光源、线光源、面光源互相衬托的光照效果和丰富的光影形式来改善室内照明环境。

（二）优化室内空间功能需求

在现代建筑室内设计中，顶棚的装饰装修不仅仅是为了增强装饰效果，更需要综合考虑到业主的实际需求，如保温、隔热、通风、吸音、音响、防火等多个方面的功能。因此，在进行顶棚装修时，需要综合考虑现实功能需求，并根据实际情况进行合理的设计和处理。例如，对于位于顶楼的住宅，可在顶棚设置隔热层以实现夏季隔热降温、冬季保温的效果；对于电影院、剧院等场所，除了美观的设计外，还需充分考虑声学、光学、通风等功能需求，通过不同形式的顶棚构造，实现良好的视听效果和通风效果。

二、顶棚的种类

顶棚的结构形式和种类繁多，可以根据骨架材料、饰面材料、实际功能和安装方式等不同因素进行分类。在实际的施工过程中，通常会按照不同的安装方式进行分类和处理。其中，直接式吊顶、悬吊式吊顶和装配式吊顶是常用的安装方式之一，这些方式在顶棚装饰装修的施工中具有重要的作用。

（一）直接式吊顶

直接式吊顶是指在屋面板或楼板结构基础上，直接进行抹灰、裱糊、喷刷等装饰处理形成的顶棚饰面。直接式吊顶按照施工方法和装饰材料的不同，可以分为直接刷浆顶棚、直接抹灰顶棚和直接粘贴式顶棚。这类形式顶棚的装饰装修施工简便、造价较低，基本不影响室内空间原有高度。但是也存在无法敷设管线、无法有效隔音隔热、几乎没有任何的造型美感等现实问题。

（二）悬吊式吊顶

悬吊式吊顶的特点在于其不仅具有良好的隔热、保温、隔音和吸音效果，还能够有效提高室内空间的美观性和节约能源的效果。该种吊顶类型为现代建筑室内装饰所推崇的设计方案之一，因其灵活性较大，能够满足不同使用功能的实际需求。在悬吊式吊顶的施工过程中，需要根据具体情况考虑灯具、通风口、音响、消防设备等各项要素的整体规划设计。悬吊式吊顶的施工工期较长、造价较高，因此对建筑室内空间的高度有一定要求。在进行该类吊顶装饰设计时，需要充分综合考虑空间的尺度大小、业主的装饰要求和经济情况等多方面因素。总体而言，悬吊式吊顶装饰效果较好，形式丰富多样，适用于中、高档次的建筑室内顶棚装饰。

（三）装配式吊顶

通常情况下，装配式吊顶由两个主要部分组成：饰面部分和吊装部分。饰面部分包括装饰面板、结构龙骨和安装所需的连接件等，这些部分一般是由生产厂家进行成套生产；吊装部分则是在现场根据实际情况进行组合拼装的施工部分。

第二节　轻钢龙骨顶棚

轻钢龙骨是一种轻型金属材料，采用镀锌钢板或彩色喷涂钢板、薄壁冷轧钢板等作为原材料，通过冷弯或冲压等工艺加工而成，是一种常用于顶棚装饰的支撑材料。轻钢龙骨具有重量轻、强度高、抗腐蚀性强、耐火性好、抗震性强、安装方便等特点，使其成为顶棚装饰的主要材料之一。轻钢龙骨的分类方式有很多种，可以按承载能力大小、型材断面形状、用途及安装部位等不同角度进行划分。同时，轻钢龙骨的标准化生产和装配化施工，也大大提高了工程施工效率和装饰装修质量。

一、吊顶轻钢龙骨的组成件

（一）吊顶轻钢龙骨的主件

根据国家标准《建筑用轻钢龙骨》（GB/T 11981—2008）的规定，建筑用轻钢龙骨的型材制品是以冷轧钢板、镀锌钢板或彩色涂层钢板作原料，采用冷弯工艺生产的薄壁型钢。用作吊顶的轻钢龙骨，其钢板厚度为0.27～1.5mm；将吊顶轻钢龙骨骨架及其装配组合，可以归纳为U形、T形、H形和V形四种基本类型，如图1-2-1至图1-2-4所示。吊顶轻钢龙骨断面形状及规格尺寸见表1-2-1。

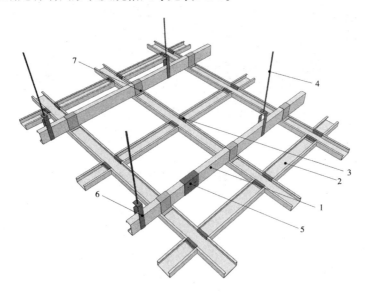

图1-2-1　U形吊顶龙骨示意图

1-承载龙骨；2-覆面龙骨；3-挂插件；4-吊标；5-承载龙骨连接件；6-吊件；7-佳件。

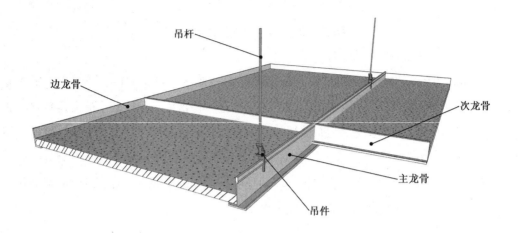

图1-2-2　T形吊顶龙骨示意图

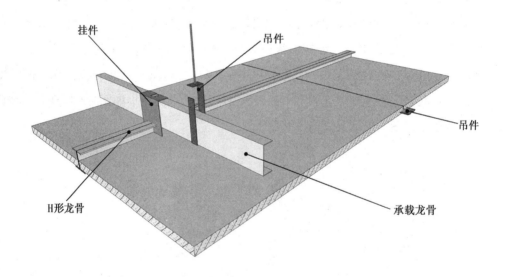

图1-2-3　H形龙吊顶龙骨示意图

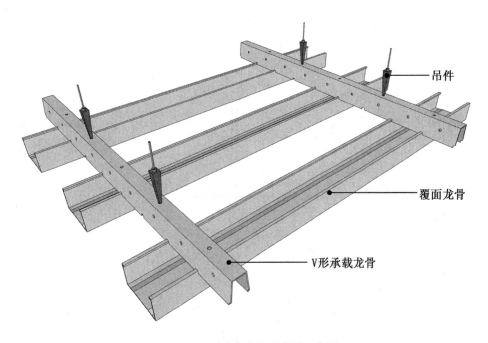

吊件

覆面龙骨

V形承载龙骨

图1-2-4　V形直卡式吊顶龙骨示意图

表1-2-1　吊顶轻钢龙骨断面形状及规格尺寸

龙骨名称		断面形状	规格尺寸/mm
U形龙骨	承载龙骨		$A \times B \times t$ $38 \times 12 \times 1.0$ $45 \times 15 \times 1.2$ $50 \times 15 \times 1.2$ $60 \times B \times 1.2$ （$B=24 \sim 30$）
	覆面龙骨		$A \times B \times t$ $25 \times 19 \times 0.5$ $50 \times 19 \times 0.5$ $50 \times 20 \times 0.6$ $60 \times 27 \times 0.6$

续表

龙骨名称		断面形状	规格尺寸/mm
T形龙骨	主龙骨		$A \times B \times t_1 \times t_2$ $24 \times 38 \times 0.3 \times 0.27$ $24 \times 32 \times 0.3 \times 0.27$ $14 \times 32 \times 0.3 \times 0.27$ $16 \times 40 \times 0.36$
	次龙骨		$A \times B \times t_1 \times t_2$ $24 \times 28 \times 0.3 \times 0.27$ $24 \times 25 \times 0.3 \times 0.27$ $14 \times 25 \times 0.3 \times 0.27$
	边龙骨		$A \times B \times t$ $A=B>22$ $t \geqslant 0.4$
H形龙骨			$A \times B \times t$ $20 \times 20 \times 0.3$

龙骨名称	断面形状	规格尺寸/mm
V形龙骨 承载龙骨		$A \times B \times t$ $20 \times 37 \times 0.8$
V形龙骨 覆面龙骨		$A \times B \times t$ $49 \times 19 \times 0.45$

根据国家标准《建筑用轻钢龙骨》（GB/T 11981—2008）的定义，承载龙骨是吊顶龙骨骨架的主要受力构件，覆面龙骨是吊顶龙骨骨架构造中固定罩面层的构件；T形主龙骨是T形吊顶骨架的主要受力构件，T形次龙骨是T形吊顶骨架中起横撑作用的构件；H形龙骨是H形吊顶骨架中固定饰面板的构件；L形边龙骨通常用作T形或H形吊顶龙骨中与墙体相连，并于边部固定饰面板的构件；V形直卡式承载龙骨是V形吊顶骨架的主要受力构件；V形直卡式覆面龙骨是V形吊顶骨架中固定饰面板的构件。系列产品标记顺序为：产品名称→代号→断面形状宽度→高度→钢板厚度→标记号。如：U形龙骨，宽度为50mm、高度为15mm、钢板厚度为1.2mm的吊顶承载龙骨标记应写为：建筑用轻钢龙骨 DU 50×15×1.2 GB/T 11981—2008。

在现实应用环境中，对于吊顶轻钢龙骨的系列分类及其吊顶骨架的称谓较为繁多。如按龙骨型材的横截面形式和尺寸，U形和C形系列龙骨一般被称为UC形龙骨，UC38、UC50、UC60等；一般由U形和C形龙骨组成的吊顶骨架，贴近顶棚四周墙柱面的边缘部位可以不设L形边龙骨，顶棚罩面收边可以采用装饰线条。吊顶龙骨骨架由U形龙骨作为承载龙骨，以T形龙骨作为覆面龙骨的吊顶骨架，以及由T形轻钢龙骨组成的单层骨架轻便吊顶，一般常用L形轻钢龙骨作边龙骨，称为U形、C形、T形及L形龙骨。一般情况下，H形龙骨、V形直卡式龙骨以及Z形龙骨等使用较少。

（二）吊顶轻钢龙骨的配件

根据国家标准《建筑用轻钢龙骨》（GB/T 11981—2008）和建材行业标准《建筑用轻钢龙骨配件》（JC/T 558—2007）的规定，用于吊顶轻钢龙骨骨架组合和悬吊的配件，主要有吊件、挂件、连接件及挂插件等，如图1-2-5至图1-2-7所示。

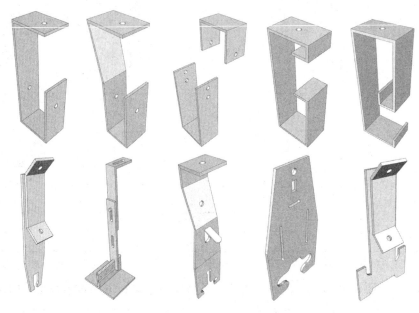

图1-2-5　吊顶金属龙骨的常用吊件

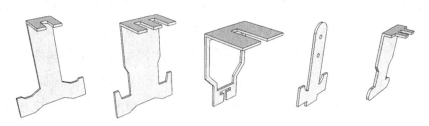

图1-2-6　吊顶金属龙骨的常用挂件

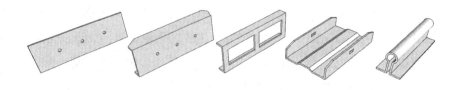

图1-2-7　轻钢龙骨连接件

吊顶轻钢龙骨配件的常用类型及其在吊顶骨架的组装和悬吊结构中的用途，见表1-2-2。

表1-2-2 吊顶轻钢龙骨配件

配件名称	用途
普通吊件	用于承载龙骨和吊杆之间的连接
弹簧卡吊件	
V形直卡式龙骨吊件及其他特制吊件	用于各种配套承载龙骨和吊杆之间的连接
压筋式挂件	用于双层骨架构造吊顶的覆面龙骨和承载龙骨之间的连接，又称吊挂件
平板式挂件	
承载龙骨连接件	用于U形承载龙骨加长时的连接，又称接长件、接插件
覆面龙骨连接件	用于C形覆面龙骨加长时的连接，又称接长件、接插件
挂插件	用于C形覆面龙骨在吊顶水平面的垂直相接，又称支托、水平件
插件	用于H形龙骨（及其他嵌装暗式吊顶龙骨）中起横撑作用
吊杆	用于吊件和建筑结构的连接

（三）吊顶轻钢龙骨的技术要求

在吊顶轻钢龙骨的生产和使用过程中，需要满足一定的技术要求。其中，要求轻钢龙骨具有规范的外形尺寸和良好的外观质量；在安装时，角度偏差应控制在合理范围内，确保其强度和稳定性；同时，龙骨的力学性能也是至关重要的，需要符合相关标准和要求；表面防锈处理也需要得到重视，以确保轻钢龙骨在长期使用过程中不会受到腐蚀；配件方面也需要严格按照规范要求进行选用和使用。严格遵守这些技术要求，可以保证吊顶轻钢龙骨的品质和安全性能，有效提高吊顶工程的施工质量和效率。

1. 外形尺寸

轻钢龙骨的断面形状见表1-2-1所示，尺寸允许偏差应符合表1-2-3中的规定，若有其他要求由供需双方协商确定；龙骨的侧面和底面的平直度应小于等于表1-2-4中的规定；弯曲内角半径R应小于等于表1-2-5中的规定。

表1-2-3 轻钢龙骨尺寸允许偏差/mm

项目		优等品	一等品	合格品
长度L	C、U、V、H形		+20 −10	
	T形孔距		± 0.30	
覆面龙骨断面尺寸	尺寸A		± 1.0	
	尺寸B	± 0.30	± 0.40	± 0.50
其他龙骨断面尺寸	尺寸A	± 0.30	± 0.40	± 0.50
	尺寸B		± 1.00	
厚度t			公差应符合相应材料的国家标准要求	

表1-2-4　吊顶轻钢龙骨侧面和底面的平直度/（mm/1000）

品种	检测部位	优等品	一等品	合格品
承载和覆面龙骨	侧面和底面	1.0	1.5	2.0
T形和H形龙骨	底面	1.3		

表1-2-5　轻钢龙骨的弯曲半径R/mm

钢板厚度	≤0.70	≤1.00	≤1.20	≤1.50
弯曲内角半径R	1.50	1.75	2.00	2.25

注：本表不包括T形、H形、和V形龙骨。

2. 外观质量

龙骨外形要平整、棱角清晰，切口不得有毛刺和变形。镀锌层不得有起皮、鼓包、脱落等缺陷。对于腐蚀、损伤、麻点等缺陷，按规定方法检测时，应符合表1-2-6中的规定。

表1-2-6　轻钢龙骨的外观质量

缺陷种类	优等品	一等品	合格品
腐蚀、损伤、黑斑、麻点	不允许	无较严重的腐蚀、损伤、黑斑、麻点等缺陷。面积≤1cm^{2}的黑斑每米长度内不多于3处	

3. 角度偏差

轻钢龙骨的角度偏差应符合1-2-7中的规定。

表1-2-7　轻钢龙骨的角度偏差

成型角较短边尺寸	优等品	一等品	合格品
10～18mm	±1°15′	±1°30′	±2°00′
>18mm	±1°00′	±1°15′	±1°30′

注：本表不包括T形、H形龙骨。

4. 力学性能

吊顶轻钢龙骨组件的力学性能应符合表1-2-8中的规定。

表1-2-8　吊顶轻钢龙骨组件的力学性能

类别	项目		要求
U形、V形吊顶	静载试验	覆面龙骨	加载挠度≤10.0mm 残余变形量≤2.0mm
		承载龙骨	加载挠度≤5.0mm 残余变形量≤2.0mm
T形、H形吊顶		主龙骨	加载挠度≤2.8mm

5. 表面防锈

轻钢龙骨表面应镀锌防锈，双面镀锌量或双面镀锌层厚度应大于等于表1-2-9中的规定。

表1-2-9 双面镀锌量或双面镀锌层厚度

项目	优等品	一等品	合格品
镀锌量/（g·m⁻³）	120	100	80
镀锌层厚度/μm	16	14	12

6. 配件要求

轻钢龙骨配件的外观质量应符合表1-2-10中的规定；吊顶轻钢龙骨吊顶和挂件的力学性能应符合表1-2-11中的规定。

表1-2-10 轻钢龙骨配件的外观质量要求

外观缺陷	优等品	一等品	合格品
切口毛刺、变形	不允许	不影响使用	不影响使用
腐蚀、损伤、黑斑、麻点	不允许	不允许	弯角处不允许、其他的部位允许有少量轻微的腐蚀点、损伤和斑点、麻点

表1-2-11 吊顶轻钢龙骨和和挂件的力学性能

名称	被吊挂龙骨类别	荷载/N	指标
吊件	上人承载龙骨	2000	3个试件残余变形量平均值≤2.0mm，最大值≤2.5mm
	不上人承载龙骨	1200	
挂件	覆面龙骨	600	挂件两角部允许有变形

二、轻钢龙骨的安装施工

（一）轻钢龙骨吊顶的施工工艺

以轻钢纸面石膏板吊顶安装为例，轻钢龙骨的安装流程包括：进行施工前的交接验收，找到基准点并弹线，进行复检后进行吊筋安装，然后安装主龙骨并调整骨架平整度，接着安装次龙骨并进行固定，完成后进行质量检测。随后，进行面板的安装，并对其进行质量检查。如果出现缝隙，需要进行处理，最后进行饰面装饰。

1. 交接验收

在进行轻钢龙骨吊顶的正式安装之前，需要进行交接验收，以确保上一步工序符合设计要求和相关规范标准。交接验收内容包括设备位置、结构强度、管线敷设等方面的检查，确保上一步工序达到规定的质量要求。如果上一步工序存在问题，需要及时解决并调整，确保轻钢龙骨吊顶的安装顺利进行。

2. 找基准

在安装轻钢龙骨吊顶之前，需要在吊顶高度处寻找一个标准基平面，并与实际情况进行比较，检查误差并进行调整，以确定平面弹线的基准。这是为了确保轻钢龙骨的安装能够达到预期的效果。

3. 弹线

在吊顶安装前，需要先弹出竖向标高线和平面造型线。竖向标高线需要在墙壁上弹出，而平面造型线需要在顶板上弹出。这些基准线是吊顶安装的主要依据。在弹出这些基准线时，需要按照先弹出竖向标高线，后弹出平面造型线和细节线的顺序进行。

（1）顶棚标高线

在进行顶棚施工前，必须先弹出施工标高基准线。通常选取距离地面较高的位置作为基准线，一般选取0.5m作为基线。按照设计要求，用测量工具在室内墙壁上测量出顶棚的高度，并将其用墨水弹在墙壁上。若顶棚存在叠层造型，需弹出所有标高。在弹出的标高线上，要求水平允许偏差不大于5mm，以确保施工的准确性。

（2）水平造型线

根据设计方案确定顶棚造型，从单个空间中心开始，按照从高到低的顺序逐步将造型弹至顶板上。在弹线的过程中，要关注累积误差，并及时进行调整，确保最终的弹线符合设计要求。

（3）吊筋吊点位置线

根据设计要求和造型线的要求，确定吊筋的数量和位置，并将它们弹在顶板上。

（4）吊具位置线

在顶棚安装过程中，根据设计方案确定大型灯具、电扇等吊杆位置，精确测量后用墨线在楼板板底上标记。如果固件需要使用膨胀螺栓固定，则还需要标记出膨胀螺栓的中心位置。

（5）附加吊杆位置线

根据吊顶设计方案，需要在检修通道、检修口、通风口、柱子周围和其他需要添加"附加吊杆"的位置，逐一测量吊杆的位置，并用墨线标注在混凝土楼板的板底上。

4. 复检

在完成弹线工序后，需要对所有的标高线、平面造型顶和吊杆位置线进行全面检查和核对。如果存在任何漏项或尺寸错误，应及时进行补充和更正。此外，还需要检查之前弹出的顶棚标高线是否与周围的设备、管线和管道等存在矛盾，以及是否会影响顶部灯具的安装。确保所有检查工作准确无误。

5. 吊筋安装

制作吊筋时采用钢筋材料，并根据不同楼板类型采用不同的固定方法。具体做法如下。

①对于预制钢筋混凝土楼板，需要在主体施工时就预先埋设好吊筋。如果没有预先埋设吊筋，则需要使用膨胀螺栓进行固定，并确保连接牢固、稳定的强度。

②针对现浇钢筋混凝土楼板，可以采用两种不同的吊筋固定方法。一种是在浇筑混凝土前，预先埋设吊筋的预埋件；另一种则是在混凝土浇筑后，使用膨胀螺栓或射钉等固定材料，以确保吊筋的强度和稳定性。

无论采取哪种方法，都必须符合方案设计和强度要求。

6. 轻钢龙骨架安装固定

（1）安装轻钢主龙骨

首先，将主龙骨按照弹出的线位置安装在吊件上，并悬挂在吊筋上。然后，在所有主龙骨都安装就位后，进行调直和调平以确保其正确定位。接下来，紧固吊筋上的调平螺母。针对具体的设计要求，主龙骨中间部分应按照特定的起拱方式进行处理，通常的起拱高度应大于房间短向跨度的3/1000。

（2）安装副龙骨

完成主龙骨的安装后，可以开始安装副龙骨。副龙骨分为通长和横撑两种，其中通长副龙骨与主龙骨垂直，横撑副龙骨（也称为截断副龙骨）则与通长副龙骨垂直。安装副龙骨时，必须紧贴主龙骨安装，并与其紧密结合，不能出现松动或不直的情况。副龙骨的安装顺序应从主龙骨的一端开始，对于高低交错的顶棚，应先安装高跨部分，再安装低跨部分。安装副龙骨时，必须准确确定其位置，特别是在板缝处，必须充分考虑缝隙尺寸。

（3）安装附加龙骨

在靠近柱子周边需要增加附加龙骨时，必须按照具体的设计要求进行安装。在高低交错的顶棚、灯槽、灯具、窗帘盒等地方，必须根据具体的设计要求增加连接龙骨。这些附加龙骨和连接龙骨的安装位置和数量必须符合设计要求，以确保整个结构的稳定性和强度。

7. 质量检查

在完成所有的安装工序之后，必须对龙骨架的安装质量进行严格的检查。这个检查过程必须非常细致和全面，确保每一个细节都符合设计要求和标准。只有通过严格的检查，才能保证龙骨架的安装质量和稳定性，并为后续的装修工作提供良好的基础。

（1）负荷检查

在顶棚检修口周围、高低叠级处、吊灯吊扇处等重要位置，必须根据设计荷载规定进行加载检查。如果在加载后发现龙骨架出现了翘曲或颤动的情况，就需要增加吊筋来加强其结构。增加吊筋的数量和具体位置需要通过计算和测量来确定，以保证龙骨架的稳定性和强度。这样才能确保整个顶棚结构的安全性和稳定性，让人们在使用时更加放心。

（2）安装及连接检查

必须对龙骨架的安装质量和连接质量进行检查，以确保其稳定性和安全性。在连接件的安装过程中，必须进行错位安装，以确保连接件的牢固和稳定。此外，龙骨连接处的偏差也必须控制在相关规定要求的范围内，以确保整个龙骨架的平整度和稳定性。

（3）各种龙骨的质量检查

必须对主龙骨、副龙骨、附加龙骨等进行全面详细的质量检查，以确保其结构的完整性和稳定性。如果在检查过程中发现任何翘曲、扭曲或位置不当等问题，必须及时进行彻底的纠正，以确保整个龙骨架的稳定性和安全性。只有经过全面详细的检查和纠正，才能保证整个结构的质量和安全。

8.安装纸面石膏板

（1）板材选用

在安装普通纸面石膏板之前，必须根据设计要求的尺寸规格和花色品种，选择合适的板材。不能使用有裂纹、破损、缺棱、掉角、受潮或护面纸损坏的板材。为了保证板材的质量，选好的板材应该平放在有垫板的木架上，以防止板材沾水与受潮。这样才能保证安装后的石膏板结构坚固、美观，符合设计要求，也更加耐用可靠。

（2）安装纸面石膏板

在安装纸面石膏板之前，需要根据设计要求选择符合尺寸规格和花色品种的板材，并且排除有裂纹、破损、缺棱、掉角、受潮和护面纸损坏的板材。在进行纸面石膏板的安装时，需要将板的长边与主龙骨平行，从顶棚的一端开始错缝安装，逐块排列，剩余部分放在最后安装。板与墙面之间需要留有6mm的间隙，接缝宽度不小于板材厚度。

每块石膏板需要用3.5mm×25mm的自攻螺丝固定在次龙骨上。在固定时，需要从石膏板中部开始，向两侧展开，螺钉间距在150～200mm之间。螺钉距离纸面石膏板的边缘不小于10mm且不大于15mm，距离切割后的板材边缘不小于15mm且不大于20mm。螺钉钉头需要略低于板面，但不能将板材纸面钉破。螺钉钉头需要做防锈处理，并用石膏腻子抹平。

9. 纸面石膏板安装质量检查

安装完纸面石膏板后，需要对其质量进行检查。如果发现整个石膏板顶面不平整度偏差超过3mm、接缝不平直度偏差超过3mm、接缝高低度偏差超过1mm，或者石膏板钉接缝处不牢固，就需要彻底修正。

10. 缝隙处理

在纸面石膏板安装经过质量检查或者检修合格之后，需要根据板边类型和嵌缝要求来进行嵌缝处理。嵌缝处理时，可以使用多种类型的腻子，但是必须确保其具有一定的膨胀性。常见的施工方法是使用石膏腻子进行嵌缝，具体的操作流程如下。

（1）直角边纸面石膏板顶棚嵌缝

直角边的纸面石膏板用于顶棚板，板缝的处理方式应该采用平缝。在进行嵌缝处理时，需要使用刮刀将嵌缝腻子均匀涂抹到板缝中，确保填充充分，然后再用刮刀将腻子刮平至与纸面石膏板表面平齐。如果需要在石膏板表面进行装饰，则需要等待腻子完全干燥后再进行后续施工。

（2）楔形边纸面石膏板顶棚嵌缝

楔形边纸面石膏板顶棚嵌缝，一般采用三道腻子。

第一道腻子：在进行石膏板的嵌缝处理时，需要用刮刀将嵌缝腻子均匀涂抹到缝隙中，并确保填充充分。接着，将浸湿的穿孔纸带贴到缝隙处，用刮刀将纸带用力压平，这样就能够使腻子从纸带孔中挤出来。然后再涂抹一层腻子并薄压一下，这样就能够将孔完全填平。最后，使用嵌缝腻子将石膏板上所有的孔都填平。

第二道腻子：在第一道腻子完全干燥后，再进行第二道嵌缝腻子的覆盖，刮第二道腻子时需要略高于石膏板表面，同时保持腻子宽度约为20mm。在钉孔处需要再覆盖一道腻子，并将宽度扩大到约25mm以确保覆盖面积充足。

第三道腻子：在第二道嵌缝腻子完全干燥后，还需要进行一层约300mm宽的嵌缝腻子处理。在涂抹嵌缝腻子之后，需要用清水将腻子边缘刷湿，并用抹刀拉平，以确保石膏板表面交接平滑。在钉孔处，需要再涂抹一层嵌缝腻子，并用力拉平，以使其与石膏板表面交接平滑。这样就能够完成石膏板嵌缝处理。

在第三道腻子完全干燥后，需要将砂纸安装在打磨机上，对嵌缝腻子进行打磨处理，以使其表面光滑。在进行打磨的过程中，需要特别注意不要磨破护面纸。完成嵌缝处理后，需要妥善保护纸面石膏板顶棚，避免碰撞或者污染。如果需要在纸面石膏板表面进行其他饰面的安装，则需要根据具体的设计要求进行装饰施工。

（二）轻钢龙骨吊顶施工注意事项

①在进行顶棚施工之前，必须要将所有管线、空调管道、消防管道、供水管道等安装到位，并且进行基本的调试工作，确保所有设备能够正常运行。

②在进行吊筋、膨胀螺栓安装之前，必须要做好完整的防锈处理，以确保吊筋、膨胀螺栓能够长期稳定地运行。

③确保顶棚骨架整体牢固，连接处要错开排列，相邻的三排龙骨接头不能位于同一条直线上。同时，吊杆、膨胀螺栓等部件也要做好防锈处理。

④在安装顶棚时，必须按照设计方案施工灯槽、斜撑、剪刀撑等。对于轻型灯具，可以将其安装在主龙骨或附加龙骨上进行吊装。而重型灯具或吊扇则不能与吊顶龙骨连接，需要单独安装吊钩进行吊装，以确保安全可靠。

⑤嵌缝石膏粉是由优质半水石膏粉和适量缓凝剂等精制而成，适用于纸面石膏板的嵌缝和钉孔填补等施工场合。

⑥温度的变化对纸面石膏板的线性膨胀系数影响不显著，但是空气湿度的变化会对其线性膨胀和收缩产生较大的影响。因此，在高湿度的环境中，为了确保施工质量和避免干燥时出现裂缝，最好不要在纸面石膏板上进行嵌缝处理。

⑦在进行大面积纸面石膏板吊顶的安装时，需要特别注意设置膨胀缝。这是因为纸面石膏板的线性膨胀和收缩系数受空气湿度的影响较大，如果没有设置膨胀缝，就可能在干燥或潮湿的环境下出现裂缝和变形等问题。因此，在安装大面积纸面石膏板吊顶时，必须按照规范要求进行膨胀缝的设置，以确保施工质量和使用效果。

第三节　木龙骨顶棚

木龙骨顶棚是一种传统的悬吊式顶棚做法，目前主要用于设计造型复杂多变、规模较小的室内装饰工程。其中，较为普遍的是采用木龙骨和木质胶合板组成骨架，然后使用射钉枪将胶合板面层固定在骨架上的钉装式封闭型罩面顶棚装饰工程。这种顶棚的施工工艺相对简单，不需要太高的操作技术水平。施工时，根据设计要求先安装好木龙骨骨架，然后用射钉枪将胶合板面层固定在上面。胶合板表面可以用于进一步完成各种饰面，如裱糊壁纸、涂刷油漆、钉装或粘贴玻璃镜面等。

为确保木龙骨顶棚的质量，需要选用符合设计要求的木材和规格，同时遵照《木结构工程施工质量验收规范》等标准的要求进行安装。对于易腐朽和易虫蛀的松木、桦木、杨木等材料，需要进行防腐和防蛀处理，同时按照《建筑设计防火规范》《建筑内部装修设计防火规范》和《高层民用建筑设计防火规范》等国家现行标准的规定，须选用难燃木材或对成品龙骨进行涂刷防火剂等处理措施，确保顶棚装饰装修材料达到A级或B1级防火等级。

一、胶合板罩面顶棚

（一）胶合板材的质量要求

加工胶合板材的主要阔叶树种有杨木、桦木、泡桐、柞木、椴木、榆木、水曲柳、核桃木等；加工胶合板的主要针叶树种有樟子松、马尾松、云南松、高山松、云杉等。根据国家标准GB/T 9846.1—2004《胶合板　第1部分：分类》及国际标准ISO 1096—1975《胶合板分类》的规定，按胶合板材的结构区分，有胶合板、夹心胶合板、复合胶合板。按胶合板材的胶黏性能分为室外胶合板（具有耐火、耐水和耐高湿度的胶合板）；室内胶合板材（不具有长期浸水性或高湿度的胶黏性能的胶合板）。按胶合板材的表面加工情况分，有砂光胶合板、刮光胶合板、贴面胶合板、预饰面胶合板。按胶合板材产品的处理情况分，有未处理过的胶合板、处理过的胶合板（一般是浸渍防腐剂和阻燃剂等）。按制品形状，分为平面胶合板及非标件成型胶合板；按板材用途分，有普通胶合板和特种胶合板。

根据国家标准GB/T 9846.5—2004《胶合板　第5部分：普通胶合板检验规则》及国际标准ISO 2426—1974《胶合板、普通胶合板外观分等通用规则》，普通胶合板材按加工后板材上可见的材料缺陷和加工缺陷分成四个等级：特等、一等、二等、三等。其中，特等板适用于高级建筑装饰、高级家具及其他特殊需要的制品；一等板一般用于较高级建筑装饰、高中档家具、各种电器外壳等制品；二等板一般用于家具、建筑、车辆等装修；三等板一般用于较低端的装饰装修及包装材料等。

1. 胶合板的规格尺寸

根据GB/T 9846.2—2004《胶合板　第2部分：尺寸公差》的规定，胶合板的厚度为2mm，3mm，3.5mm，4mm，5mm，5.5mm，6mm等，自6mm起按1mm单位递增。胶合板的幅面尺寸按表1-3-1的规定，如经供需双方协议，胶合板厚度大于4mm的胶合板幅面尺寸不限。胶合板两对角线长度之差，不得超过表1-3-2的规定。公称厚度6mm以上的胶合板的翘曲度（以板材对角线最大弦高与对角线长度之比来表示），特等板应不少于0.5%，一、二等板应不大于1%，三等板应不大于2%。

表1-3-1　胶合板的幅面尺寸/mm

宽度	长度				
	915	1220	1830	2135	2440
915	915	1220	1830	2135	—
1220	—	1220	1830	2135	2440

注：符合本表幅面尺寸的胶合板，其长度和宽度公差为5mm，负偏差不许有。

表1-3-2　胶合板两对角线长度允许误差/mm

公称长度	两对角线长度之差	公称长度	两对角线长度之差
≤1220	3	1830～2135	5
1220～1830	4	>2135	6

2. 胶合板的结构

根据国家标准GB 9846.3—2004《胶合板：普通胶合板通用技术条件》及国际标准ISO 1098—1975《普通胶合板—通用技术条件》的规定，胶合板材通用相邻两层板的木纹应互相垂直；中心层两侧对称层的单板与单板为同一厚度、同一树种或物理性能相似的树种，并用同一种生产工艺（刨切或旋切），且木纹配置方向也相同；同一表板应为同一树种，表板应面朝外。

拼缝应用无孔胶纸带，但不得用于胶合板内部。如用其拼接一、二等面板或修补裂缝，除不修饰外，事后应除去胶纸带且不留明显胶纸带痕迹。对于针叶树材二等胶合板面板，允许留有胶纸带，但总长度应不大于板长的15%。

在正常的干状条件下，阔叶树材胶合板的表层单板厚度应不大于3.5mm，内层单板厚度应不大于5mm，针叶树材胶合板的表层单板和内层单层厚度，均应不大于6.5mm。

3. 胶合板的含水率

用于顶棚罩面的胶合板，出厂时的含水率应符合表1-3-3中的规定。

表1-3-3　胶合板的含水率值

胶合板材种	含水率/%	
	Ⅰ、Ⅱ类	Ⅲ、Ⅳ类
阔叶树材	6～14	8～16
针叶树材		

注：1. Ⅰ类胶合板为耐气候胶合板，具有耐久、耐煮沸或蒸汽处理等性能，可应用于室外；

2. Ⅱ类胶合板为耐水胶合板，能在冷水中浸渍，或经受短时间热水浸渍，但不耐煮沸；

3. Ⅲ类胶合板为耐潮胶合板，能耐短时间冷水浸渍，适于室内使用；

4. Ⅳ类胶合板为不耐潮胶合板，适合在室内常态下使用。

4.胶合板的胶合强度

用于顶棚罩面的胶合板，胶合强度指标应符合表1-3-4中的规定。

表1-3-4　胶合板的胶合强度指标值

胶合板材树种	单个试件的胶合强度/MPa	
	Ⅰ、Ⅱ类	Ⅲ、Ⅳ类
椴木、杨木、拟赤杨	≥0.70	≥0.70
水曲柳、枫木、榆木、柞木	≥0.80	
桦木	≥0.80	
马尾松、云南松、落叶松、云杉	≥0.80	

注：1.对于用不同的树种搭配制成的胶合板的胶合强度指标值，应取各树种胶合强度指标值要求最小的指标值。

2.泡桐制成的胶合板的胶合强度指标值，可参照本表中规定的杨木指标值；其他国产阔叶树材或针叶树材制成的胶合板，其胶合强度指标值可根据其密度分别参照本表中规定的椴木、水曲柳或马尾松的指标值。

3.以进口柳安树种为内层单板时，其胶合强度指标值应符合本表对椴木胶合板的要求。

4.以山樟、阿比东等硬阔叶树材单板为内层单板时，其胶合强度指标值应符合本表中对水曲柳胶合板的要求。

5.确定厚芯单板结构的胶合板强度换算系数时，应根据单板的名义厚度。

（二）木龙骨的吊装施工

安装木龙骨吊顶的施工工艺顺序一般为：先进行放线，然后处理木龙骨材料，接着进行龙骨的拼装，安装吊点和吊筋，固定沿墙的龙骨，最后进行龙骨的吊装和固定。

1.放线

在吊顶施工中，放线是不可或缺的一项工作。放线的内容包括标高线、造型顶位置线、吊点布置线以及大中型灯位线等。放线的主要作用是为后续工序提供基准线，便于确定施工位置，并且可以检查吊顶以上部位的管道等是否对标高位置产生影响。这样可以确保吊顶的施工精度和质量，从而使整个装修工程更加稳定和可靠。

（1）确定标高线

在吊顶施工中，首先需要根据设计要求在墙柱面上量出顶棚的高度，并在该点画出高度线作为吊顶的底标高。为了确保吊顶的水平和稳定，需要以地面基准线为起点，在墙柱面上定出顶棚的高度。如果原地面没有饰面要求，则使用原地面线作为基准线；如果有饰面要求，则在饰面后的地面线上定出顶棚的高度。

一种简单易行的放线方法是使用水柱法。具体操作方法为：将灌满水的透明软管一端水平面对准墙柱面上的高度线，另一端对准同侧墙顶高度水平线。这样可以通过水的自然流动，确立吊顶的标高线。需要注意的是，在确定标高线时，每个房间只能使用一个基准高度线，以确保施工精度和一致性。这种方法简单、准确，是吊顶施工中常用的一种放线方法，具体做法如图1-3-1所示。

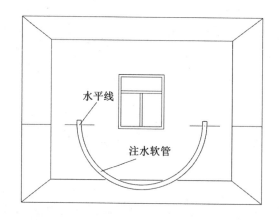

水平线

注水软管

图1-3-1　"水柱法"水平标高线的做法

（2）确定造型位置线

对于规则的建筑空间，应根据设计方案要求，先在一个墙面上量出顶棚造型位置距离，并按该距离画出平行于墙面的直线，再从另外三个墙面，用同样的方法画出直线，便可得到造型位置外框线，再根据外框线逐步画出造型的各个局部的位置。

对于不规则的建筑空间，可根据施工图纸测出造型边缘距墙面的距离，运用同样的方法，找出吊顶造型边框的有关基本点，将各点连线形成顶棚造型线。

（3）确定吊点位置

在吊顶施工中，需要确定吊点的位置。一般情况下，吊点按每平方米一个均匀布置。除此之外，在灯位处、承载部位、龙骨与龙骨相接处以及叠级吊顶的叠级处，还需要增加吊点，以确保吊顶的承重能力和稳定性。

2. 木龙骨处理

对室内装饰工程中所用的木龙骨，要进行筛选并进行防火处理，一般将防火涂料涂刷或喷涂在木材的表面，也可以用木材放在防火涂料溶液器内浸渍。所选用的防火涂料应符合表1-3-5中的规定。

表1-3-5 防火涂料选择及使用规范

项	防火涂料种类	使用量/㎡	特征	基本用途	限用范围
1	硅酸盐涂料	≥0.5kg	不具备抗水性	用于不直接受潮湿作用的构件上	—
2	酪素涂料	≥0.7kg	—	用于不直接受潮湿作用的构件上	不能用于露天构件
3	油质涂料	≥0.6kg	抗水性良好	用于露天构件上	—
4	氯乙烯涂料	≥0.6kg	抗水性良好	用于露天构件上	—

注：允许采用根据专门规范指示而试验合格的其他防火剂。

3. 龙骨拼装

在吊装顶棚的龙骨之前，需要先在地面上进行拼装。拼装面积一般不超过10㎡，以便于吊装。拼装时，通常先组装大块的龙骨骨架，然后再组装局部的小块骨架。拼接的方法一般采用咬口（半榫扣接）的方式。具体做法是，在龙骨上开出符合规定的深度、宽度和间距的凹槽，然后将相邻的凹槽咬口拼接起来。在凹槽处应涂抹胶水，并使用钉子加固，以确保连接牢固。如图1-3-2所示。

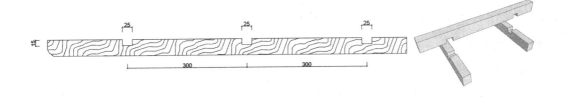

图1-3-2 木龙骨用槽口拼接的做法

4. 吊点、吊筋安装

安装吊点时，一般会采用膨胀螺栓、射钉、预埋件等方式进行固定。

（1）在建筑结构表面使用冲击电钻钻孔，然后将膨胀螺栓插入孔中，最后使用射钉将角铁等部件固定在建筑结构的底部。

（2）在安装装配式预制空心楼板的顶棚底面时，如果要使用膨胀螺栓或射钉来固定吊点，那么吊点必须放置在已经填充并密实的楼板缝隙处。

为了满足承载要求，吊筋安装通常会采用钢筋、角钢、扁铁或方木等不同材质的材料，并且吊筋与吊点的连接方式可以选择焊接、钩挂、螺栓或螺钉等不同的方式。在进行吊筋安装时，需要进行防腐和防火处理以提高其耐用性和安全性。

5.固定沿墙龙骨

沿吊顶标高线固定沿墙龙骨，通常使用冲击钻在标高线以上10mm处的墙面上打孔，孔深12mm，孔距0.5~0.8m，孔内置入木楔，将沿墙龙骨钉接固定在墙内木楔上，沿墙龙骨的截面尺寸与吊顶次龙骨尺寸一样。沿墙龙骨固定后，其底边与其他次龙骨底边标高一致。

6.固定龙骨吊装

木龙骨吊顶的龙骨架有两种形式，即单层网格式木龙骨架及双层木龙骨架。

（1）单层网格式木龙骨架的吊装固定

①分片吊装。

单层网格式木龙骨架的吊装一般先从一个墙角开始，将拼装好的木龙骨架托起到标高位，对于高度低于3.2m的吊顶骨架，可在高度定位杆上临时支撑。当高度超过3.2m时，可用铁丝在吊点进行临时固定。然后用线绳或尼龙线沿吊顶标高线拉出平行或交叉的几条水平基准线，作为吊顶的平面基准。最后，将龙骨架向下慢慢移动，使之与基准线平齐，待整片龙骨架调正调平后，先将其靠墙部分与沿墙龙骨钉接，再用吊筋与龙骨架固定。

②龙骨架与吊筋固定。

龙骨架与吊筋的固定方法一般视选用的吊杆材料和构造而定，通常采用绑扎、钩挂、木螺钉固定等方式。

③龙骨架分片连接。

龙骨架分片吊装在同一平面后，要进行分片连接形成整体，其方法是：将端头对正，用短方木进行连接，短方木钉在龙骨架对接处的侧面或顶面，对于重要部位的龙骨连接，可采用铁件进行连接加固，如图1-3-3所示。

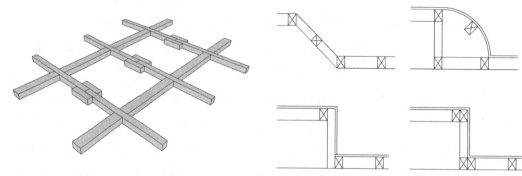

图1-3-3　木龙骨对接固定做法　　　　图1-3-4　木龙骨和吊筋的连接

④叠级吊顶龙骨架连接。

对于叠级吊顶，一般是从最高平面开始吊装，其高低面的衔接，常用的做法是先以一条方木斜向将上下平面龙骨架进行定位，然后用垂直的方木把上下两个平面龙骨架连接固定，如图1-3-4所示。

⑤龙骨架调平与起拱。

各个分片进行连接加固后，在整个吊顶面下拉出十字交叉的标高线，来检查并调整吊顶平整度，使得误差在规定的范围内，见表1-3-5。

表1-3-5　木吊顶骨架平整度要求

面积/m²	允许误差值/mm		面积/m²	允许误差值/mm	
	上凸	下凸		上凸	下凸
20内	3	2	100内	3～6	6～8
50内	2～5		100以上	6～8	

对于面积比较大的木龙骨架吊顶，通常采用起拱的方法来平衡吊顶的下坠，一般情况下，跨度在7～10m间起拱量为3/1000，跨度在10～15m间起拱量为5/1000。

（2）双层木龙骨的吊装固定

①主龙骨架的吊装固定。

为了按照设计方案的要求进行安装，主龙骨通常会按照1000～1200mm的间距布置在房间的短边方向，并且要与已经安装好的吊杆保持一致的间距。在连接主龙骨和吊杆之前，先将主龙骨放置在沿着墙体的龙骨上，并调整其高度以使其平整。然后再将主龙骨与吊杆进行连接，并使用木楔将主龙骨与墙体紧密连接起来，或者使用钉子将其与沿墙的龙骨固定。

②次龙骨的吊装固定。

次龙骨通常是由小木方通过咬口拼接而成的木龙骨网格，其规格、要求以及吊装方法与单层木龙骨吊顶相同。在进行安装时，首先将次龙骨吊装到主龙骨底部并调整其高度以使其平稳。然后使用短木方将主龙骨和次龙骨进行连接并固定。

（三）胶合板的罩面施工

在选择胶合板时，需要根据设计方案中要求的品种、规格和尺寸进行选择，并且要符合顶棚装饰艺术的拼接图案要求。通常有两种情况：一种是将胶合板作为其他饰面基层的罩面，可以采用大幅面整板进行钉固作为封闭式顶棚罩面；另一种是采用胶合板本身进行分块、设缝、利用木纹拼花等方式在罩面后完成顶棚饰面工程，需要按照设计图纸进行认真排列。在进行这类顶棚装饰工程时，需要统一设计从龙骨骨架装置到板材的罩面方式，以确保每块胶合板安装时不会出现悬空。同时，需要精确对齐板块图案拼缝处与覆面龙骨的中线位置。

1. 基层板的接缝处理

通常情况下，基层板的接缝形式有三种：对缝、凹缝和盖缝。

①板材与板材在龙骨上对接的接缝形式被称为对缝，此时板材通常被粘贴或钉装在龙骨上。然而，在接缝处，板材很容易发生变形或出现裂缝。为了解决这个问题，可以使用纱布或棉纸来粘贴接缝处的缝隙。

②凹缝是指在两个板材接缝处制成凹槽，通常有两种常见的凹槽形状：V形和矩形。凹缝的宽度一般不小于10mm。

③盖缝是指在两板接缝处使用压条盖住板缝，使板缝不直接暴露在外。这种方法可以避免板缝出现宽度不一致的情况，同时也可以使板面线条更加明显。基层板的接缝构造如图1-3-5所示。

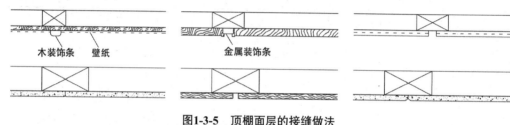

图1-3-5 顶棚面层的接缝做法

2. 基层板的固定

通常有两种基层板与龙骨架的固定方法：钉接和黏结。

①钉接是指用铁钉将基层板固定在木龙骨上，钉间距为80～150mm，钉长度为25～35mm，钉帽砸扁并进入板面0.5～1mm。

②黏结是用各种类胶黏剂将基层板黏结在龙骨上，如矿棉板常用1：1水泥石膏粉加入适量的胶黏剂进行黏结。

在实际应用中，为了使基层板更牢固地固定在龙骨架上，通常采用黏合和钉合结合的方法。

（四）木龙骨吊顶节点处理

1. 木吊顶各面之间节点处理

（1）阴角节点

阴角是指两面相交内凹部分，其处理方法通常是用角木线钉压在角位上，如图1-3-6所示。固定时用直钉枪，在木线条的凹部位置打入直钉。

（2）阳角节点

阳角是指两相交面外凸的角位，其处理方法也是用角木线钉压在角位上，将整个角位包住，如图1-3-7所示。

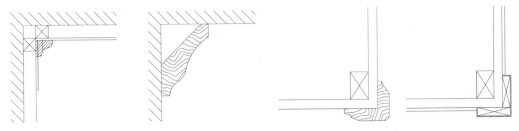

图1-3-6　顶棚面阴角处理　　　　　　　　图1-3-7　顶棚面阳角处理

（3）过渡节点

过渡节点是指两个面的接触处，如两种不同材料的对接处或平面上落差度较小的接触处。为了处理这些接触处，常常采用将木线条或金属线条固定在过渡节点上的方式。对于木线条，可以直接钉在吊顶面上；而对于不锈钢等金属条，通常采用黏结固定的方法。这种处理方式不仅能美化过渡节点，还能增强吊顶的整体美观性和稳定性。

2. 木吊顶与设备之间节点处理

（1）吊顶与灯光盘节点处理

灯光盘与吊顶的接合处通常需要用木线条进行固定处理，以保证灯光片或灯光格栅与吊顶之间的接触紧密稳定。木线条可通过钉子或螺丝等方式直接固定在吊顶上。

（2）吊顶与检修孔节点处理

处理吊顶与检修孔节点时，通常采用在检修孔盖板四周钉上木线条或在检修孔内侧钉上角铝的方法。这样可以增强检修孔盖板的固定性，并且便于拆卸和维修。

3. 木吊顶与墙面间节点处理

在木质吊顶与墙面相遇的节点处，一般使用木线条或塑料线条进行固定。这些线条的样式和方法非常多样，其中常用的包括实心角线、斜位角线、梯形角线和八字角线等。这些线条可以起到连接木吊顶和墙面的作用，同时也能美化节点处的外观。

4. 木吊顶与柱面间节点处理

在木吊顶面和柱面接触处的节点处理中，常采用固定木线条、塑料线条或金属线条的方法。这些线条的形状和安装方式可以多样化，例如常用的实心角线、斜位角线、梯形角线、八字角线等，来增强节点处的连接性和美观度。

二、纤维板罩面吊顶

（一）对纤维板材的要求

木质纤维板是一种人造板材，通过将木材加工的边角料或植物纤维进行重新交织胶合压制等加工处理，制成不同的板材产品。这些产品包括一面光普通硬质纤维板、两面普通光硬质纤维板、穿孔吸音硬质纤维板、钻孔纸面吸音装饰软质纤维板、不钻孔纸面吸音装饰软质纤维板、纸面针孔软质纤维图案装饰板、新型无胶纤维板、耐磨彩漆饰面木质纤维板、中密度木质纤维板等不同的类型。它们的原材料、加工方法和饰面处理方式不同，因此具有各自独特的特点和应用场景。

根据国家标准（GB/T 12626.2—2009）《湿法硬质纤维板　第2部分：对所有板型的共同要求》及国际标准ISO 2695—1976《建筑纤维板通用硬质或中密度纤维板、质量规格、外观、形状和尺寸公差》的规定，普通硬质纤维板的名义尺寸与极限偏差应符合表1-3-6中的规定；其产品分级及各级板材的物理力学性能应符合表1-3-7中的规定；其外观质量应符合表1-3-8中的规定。

表1-3-6　普通硬质纤维板的名义尺寸与极限偏差/mm

幅面尺寸	板材厚度	极限偏差		
		长度	宽度	厚度
610×1220	2.50，3.00，3.20，4.00，5.00			
915×1830				
1000×2000				
915×2136				
1220×1830				
1220×2440		±5.0	±3.0	0.30

注：1. 硬质纤维板板面对角线之差，每米板长≤2.5mm；对边长度之差每米≤2.5mm。

2. 板边不直度每米≤1.5mm。

3. 板材缺棱掉角的程度，以长宽极限偏差为限。

表1-3-7　硬质纤维板的物理力学性能

指标项目	特级	一级	二级	三级
密度/（g·m^{-3}）	>0.80			
静曲强度/MPa	≥49.0	≥39.0	≥29.0	≥20.0
吸水率/%	≤15.0	≤20.0	≤30.0	≤35.0
含水率/%	3.0～10.0			

表1-3-8　硬质纤维板的外观质量

缺陷名称	计量方法	允许限度			
		特级	一级	二级	三级
水渍	占板面积的百分比/%	不许有	≤2	≤20	≤40
污点	直径/mm	不许有		≤15	≤30
	每平方米个数/（个·m⁻²）	不许有		≤2	≤2
斑纹	占板面积的百分比%	不许有			≤5
黏痕	占板面积的百分比%	不许有			≤1
压痕	深度或高度/mm	不许有		≤0.4	≤0.6
	每个压痕的面积/mm²			≤20	≤40
	任意每平方米个数/（个·m⁻²）			≤2	≤2
分层、鼓泡、裂痕、水湿、炭化、边角松软	—	不许有			

注：1. 表中缺陷"水渍"，指由于热压工艺掌握不当，以及在湿板坯或板面溅水等原因造成板面颜色有深有浅的缺陷。

2. "污点"是指油污和斑点。油污是指由浆料中混入了腐浆或其他污物，或板面直接沾染油或污物造成板面出现的深色印痕；斑点是指板表面出现的胶点、蜡点，其中树皮造成的斑点不算。

3. "斑纹"是指板面出现的颜色深浅相同的条纹。

4. "粘痕"是指纤维板与衬板粘贴造成板面脱皮或起毛的缺陷。

5. "压痕"是指由各种原因造成板面有局部凹凸不平的缺陷。

6. "分层"是指不加外力、板侧边见到裂缝的缺陷；"鼓泡"是指由于热压工艺掌握不当，板内部出现空穴，造成板表面局部有凸起的缺陷；"裂痕"是指由于板坯内部结构不均匀，造成板表面有裂纹，强度明显下降的缺陷；"水湿"是指生产过程中由于水、水汽等原因造成板面鼓起、结构松软的缺陷；"炭化"是指由于纤维组分的过度降解，使板局部呈棕黑色并引起强度明显下降的缺陷；"边角松软"是指板边角部分粗糙松软，强度明显下降的缺陷。

（二）纤维板的罩面

装饰工程采用木质纤维板罩面的吊顶，需要根据所选用的板材产品和设计方案来确定安装和固定方法。这涉及木龙骨骨架的搭建和木质纤维板的安装，以确保吊顶的稳固和美观。

1. 硬质纤维板罩面

普通硬质纤维板有一种湿胀干缩的特性，这种特性会导致在罩面施工后出现板面起鼓、翘脚等问题。为了避免这些问题的出现，施工前应对板材进行加湿处理。一种常用的加湿处理方法是将板块浸泡在温度为60℃的热水中30min，或者用冷水浸泡板材24h。在加湿处理完成后，板材应自然阴干后再进行施工，这样可以有效地克服湿胀干缩带来的问题。

普通板材在木龙骨上用钉子固定时，钉间距为80～120mm，钉长为20～30mm，钉帽进入板面0.5mm，钉眼用油性腻子抹平。带饰面的或穿孔吸音装饰板，可以用普通木螺钉或配有装饰帽类的金属螺钉进行固定，钉间距应不大于120mm。明露的钉件在板面上的排列应该整齐美观；普通木螺钉的顶帽应该与板面齐平，并用与板面相同颜色的涂料装饰。

2.软质纤维板罩面

软质吸音装饰纤维板（一般指针孔或不钻孔、贴钛白纸或贴纸印花及静电植绒产品），其一般规格尺寸为方形板305mm×305mm、500mm×500mm、610mm×610mm，大幅面板1050mm×2420mm、1220mm×2440mm；板厚度通常为12～13mm。一般情况下厂家会提供配套的塑料花托或金属花托及垫圈等安装配件，在吊顶木龙骨上安装板材时，在板块的交角处用花托和钉件进行固定板块，又使顶棚饰面具有特殊的装饰效果。

3.压条固定罩面板

为了固定封闭式罩面的多种板材、木龙骨和装饰顶棚，通常会在板与板的接缝处设置一道压条。这种压条可以是木制的、金属的或者硬塑料的，用来固定罩面板。在将压条钉固定之前，需要先拉好一条直线，确保压条安装在覆面龙骨的底面中心线上。安装后应确保压条平整，接缝紧密。

当使用木条来固定纤维板时，需要注意以下事项：钉子之间的距离应不超过200mm，钉子的帽子需要用锤子将其打扁，钉子的头部需要插入木压条表面的深度为0.5～1.0mm，钉孔需要使用油性腻子填平。

三、塑料板罩面吊顶施工

在实际应用中，用于木龙骨吊顶罩面的塑料板材种类繁多，其中包括钙塑泡沫吸音板、聚苯乙烯泡沫塑料吸音板、聚氯乙烯塑料天花板以及塑料条形装饰扣板等。

（一）钙塑泡沫吸音板

钙塑泡沫板以聚乙烯树脂加入无机填料轻质碳酸钙、发泡剂、交联剂、润滑剂和颜料等经混炼、模压、发泡成型等加工而成，具有重量轻、吸音、保温、隔热、耐水及施工方便等优点。钙塑泡沫吸音板分为一般板和加入阻燃剂的难燃板，表面有各种凹凸图案，也有穿孔图案。常用规格尺寸有300mm×300mm，400mm×400mm，500mm×500mm，600mm×600mm；板材厚度为4~7mm。

①可以使用木螺钉将钙塑泡沫板固定在吊顶木龙骨上，钉之间的距离应小于或等于150mm。钉帽应与板面平齐，排列整齐，并使用与板面相同颜色的涂料进行装饰。

②可以使用塑料花托将钙塑泡沫板在其交角处固定在木龙骨上，使用木龙螺钉进行固定。在花托之间，沿板边等距离加钉进行额外固定。

③钙塑泡沫板还可以采用压条固定的方式，压条需要保持平直，接口严密，不能出现翘曲的情况。使用压条固定可以确保钙塑泡沫板牢固稳定，避免出现松动或移位的问题。

（二）聚苯乙烯泡沫塑料吸音板

以有挥发性的聚苯乙烯泡沫塑料加工而成，有各种凹凸型花纹及钻孔图案，具有质轻、隔热、自熄、色白等优点。板块规格常用尺寸有300mm×300mm，500mm×500mm，600mm×600mm，1200mm×600mm；板块厚度有3mm、10mm、15mm、20mm等。采用此类板材产品作顶棚罩面时，可用聚醋酸乙烯乳液或其他胶黏剂，将板块直接黏结在吊顶木龙骨上，施工时工作人员要戴洁净手套进行操作。

（三）聚氯乙烯塑料天花板

聚氯乙烯塑料天花板是一种以聚氯乙烯树脂为基料，添加抗老化剂、改性剂等助剂辅料，并经过混炼、压延、真空吸塑等工艺制成的凹凸浮雕型天花板。它具有乳白、米黄等多种颜色可选，以及各种立体图案和拼花的题材内容可供选择。单层板和复合板是常见的两种类型，单层板的规格一般为500mm×500mm×（0.4~0.6）mm的薄型片材，而塑料贴面复合板的厚度一般为14~16mm。此种材料具有质轻、隔热、难燃、耐潮湿、不吸尘、不易破裂、可自行涂装、安装简便且价格低廉等优点。

聚氯乙烯塑料天花板的粘贴施工中，要注意以下几个方面。

①聚氯乙烯塑料天花板的薄片产品可以直接使用胶黏剂粘贴在平整、洁净、水泥砂浆基层，其含水率应保持在8%以下。当基层表面存在麻点时，可以使用乳胶腻子进行修补，并涂刷一遍乳胶水溶液，以增强天花板与基层的黏结力。在正式铺贴之前，需要先按照分块尺寸在基层上进行弹线预排，涂胶面的大小应适中，胶涂厚度需要均匀。在粘贴完成后，需要采取临时固定措施，并及时擦去多余的胶液。

②如果要将薄片产品用于木龙骨吊顶罩面，可以采用以下两种固定方法：一种是将压条纵横固定于覆面龙骨底面；另一种是先用较薄的木条按照板块尺寸组成方格，并固定成天花单元，最后将单元放置到位并与木龙骨钉固，最终采用涂饰钉眼或者加设压

条的方法来处理饰面接缝。

③如果选择塑料贴面复合板作为木龙骨吊顶罩面，需要先预在板上钻孔，然后使用木螺钉和垫圈或金属压条进行固定。当采用木螺钉固定时，钉子之间的间距应为400～500mm，并且钉帽排列要整齐。如果选择金属压条，需要使用钉子将塑料贴面复合板进行临时固定，然后覆盖金属压条，压条必须平直、接缝严密。

第四节　其他吊顶工程

除了常见的吊顶材料和形式外，在建筑装饰工程中还存在着许多新型吊顶材料和形式，例如金属装饰板吊顶和敞开式吊顶等。这些新型吊顶材料和形式具有许多优点，逐渐成为现代吊顶装饰的趋势。

一、金属装饰板吊顶施工

金属装饰板吊顶是一种高端的吊顶材料，适用于现代建筑装修。它采用轻质金属材料制成，安装方便、施工速度快，可以快速达到装修效果，同时兼备吸音、防火、装饰、色彩等多种功能。金属装饰板吊顶的板材种类繁多，包括不锈钢板、防锈铝板、电化铝板、镀铝板、镀锌钢板、彩色镀锌钢板等，表面也有多种形式可供选择，如抛光、亚光、浮雕、烤漆或喷砂等。其基本类型可分为两大类：一类是条形板，包括封闭式、扣板式、波纹式、重叠式、凹凸式等；另一类是方块形板或矩形板，其中方形板有藻井式、内圆式、龟板式等多种形式可供选择。

（一）吊顶龙骨的安装

这种吊顶采用U型轻钢龙骨作为主龙骨，并采用与轻钢龙骨类似的悬挂和固定方法，金属板则安装在主龙骨下方的横向和纵向龙骨上。如果金属板为方形或矩形，则使用专门设计的嵌套龙骨，在平面上形成横向和纵向相交的十字框架，与活动式吊顶的龙骨类似，以适配金属板的长宽尺寸。该吊顶结构简单，安装方便，同时具有美观、耐久、防火等特点。嵌龙骨类似夹钳构造，其与主龙骨的连接采用特制专用配套件，见表1-4-1所示。

表1-4-1 方形金属吊顶板的安装配套材料

名称	形式/mm	用途
嵌龙骨		用于组装成龙骨骨架的纵向龙骨，用于卡装方形金属吊顶板
半嵌龙骨		用于组装成龙骨骨架的边缘龙骨，用于卡装方形金属吊顶板
嵌龙骨挂件		用于嵌龙骨和U形吊顶轻钢龙骨（承载龙骨）的连接
嵌龙骨连接件		用于嵌龙骨的加长连接
U形吊顶轻钢龙骨（承载龙骨）及其吊件和吊杆		

　　安装金属条形吊顶时，需要安装纵向龙骨和主龙骨。纵向龙骨通常采用普通U形或C形轻钢龙骨或专用的卡口槽型龙骨，垂直于主龙骨安装固定。由于金属条形板具有一定的刚度和褶边，因此只需要将条形板互相垂直地布置在总龙骨上，纵向龙骨的间距通常不超过1500mm。对于带有卡口的专用槽型龙骨，为使其卡入下平面，需要在卡口式龙骨间距处钉上小钉，并制成"卡规"，将龙骨卡入"卡规"的钉距内。安装龙骨时，将其卡入"卡规"并垂直于龙骨，然后在墙面上临时固定"卡规"，拉线将所有龙骨卡口棱边调整至一条直线上，最后逐个与主龙骨点连接固定。这样安装金属条形板时，就

能够轻松将板的褶边嵌入龙骨卡口内。

（二）吊顶层面板安装

1. 方形金属板安装

安装方形金属饰面板时，通常采用两种安装方法。第一种方法是搁置式安装，即将方形金属板放置在横向龙骨上，与龙骨形成水平面，类似于活动式吊顶的安装方法。第二种方法是卡入式安装，将方形金属板的向上褶边卡入嵌龙骨的钳口中，将板材调平调直即可，安装的顺序可以按照需要任意选择。

2. 长条形金属板安装

长条形金属板沿边分为"卡边"与"扣边"两种。

安装卡边式长条形金属板时，无需使用其他连接件，只需依靠板材本身的弹性将板顺序卡入带夹齿状的特制龙骨卡口中，并进行调平和调直。这种类型的板材具有板缝，也称为"开敞式"吊顶顶棚，板缝可以促进通风，可以选择不进行封闭，也可以按照设计要求使用嵌条进行封闭。

扣边式长条金属板，可以与卡边型金属板一样安装在带夹齿状龙骨卡口内，利用板本身的弹性相互卡紧。此种板有伸出的板肢，正好可以把板缝封闭，也称为封闭式吊顶顶棚。另一种扣边式长条形金属板扣板，采用C形或U形金属龙骨，用自攻螺钉将第一块板的扣边固定于龙骨上，将扣边调平调直后，再将下一块板的扣边压入已先固定好的前一块的扣槽内，依次顺序相互扣接即可。长条形金属板的安装均应要从房间的一边开始，按顺序一块板接一块板地进行安装。

（三）吊顶的细部处理

1. 墙柱边部连接处理

方形或条形金属板可以通过两种方法与墙柱面相连接：一种方法是离缝平接，另一种方法是采用L形边龙骨或半嵌龙骨与墙柱面同平面搁置搭接或高低错落搭接。这些方法都可以根据需要进行选择，并且需要注意安装顺序和调整板的平直度。如图1-4-1所示。

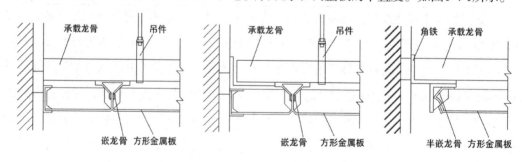

图1-4-1　方形金属板卡入式吊顶安装方法

2. 与隔断的连接处理

在安装隔断沿顶龙骨时，必须确保其与顶棚主龙骨垂直相连。如果顶棚主龙骨的布置方向无法垂直连接隔断沿顶龙骨，则需要添加短的主龙骨，将其与顶棚承载龙骨连接，并将隔断沿顶龙骨与之相连。只有在隔断沿顶龙骨与顶棚骨架系统连接牢固后，才能安装罩面板。

3. 变标高处连接处理

方形金属板或条形金属板均可按图1-4-2所示进行处理，具体情况要根据变标高的高度设置相应的竖龙骨，此竖龙骨必须分别与不同标高主龙骨进行连接（每节点不少于两个自攻螺钉或铝铆钉或小螺栓连接，使其不会变形，或直接用焊接方式）。在主龙骨和竖龙骨上安装相应的覆面龙骨及条形金属板。如采用卡边式条形金属板，则要安装专用特制的带夹齿状的龙骨（卡条式龙骨）作覆面龙骨，如用扣板式条形金属板，则要采用普通C形或U形轻钢做覆面龙骨，以自攻螺钉固定在覆面龙骨上。

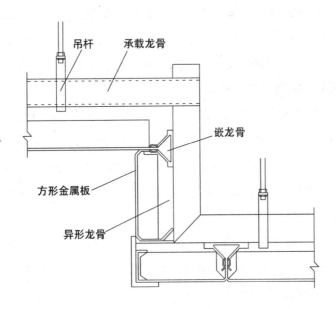

图1-4-2 变标高构造做法

4. 窗帘盒等构造处理

以方形金属板为例，按图1-4-3所示对窗帘盒及送风口的连接进行处理。当采用长条形金属板时要换上相应的龙骨。

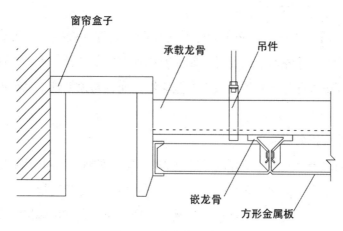

图1-4-3　窗帘盒构造做法

5. 吸音或隔热材料布置

如果使用穿孔金属板，需要在金属板上铺设壁毡，以防止隔热材料从穿孔孔洞中漏出。然后将隔热材料（如玻璃棉、矿棉等）满铺在壁毡上。如果是普通金属板，则可以直接将隔热材料满铺在金属板上。在安装金属板的同时，需要同时铺设吸音隔热材料，最后一块金属板需要先将隔热材料铺设在金属板上，再进行安装。

（四）金属装饰板施工注意事项

①龙骨框架必须平整、方正，且尺寸必须与罩面板完全匹配。如果使用常规的T形龙骨框架，框格的中心尺寸应稍微大于方形板或矩形板的尺寸，留出2mm的间隙。但如果使用专门定制的嵌龙骨框架，则框格的中心尺寸应与方形板或矩形板的尺寸完全相同，无需留出间隙。无论使用哪种龙骨框架，都应先试装一块板以确定准确的安装尺寸。

②如果龙骨出现弯曲变形的情况，无论是普通的T形龙骨还是专用特制的嵌龙骨都不能用于工程。特别是对于嵌龙骨的嵌口，如果出现弹性不好或者弯曲变形不直的情况，也不能使用。这是因为这些情况都会导致安装不平整，影响施工质量和美观程度。在安装之前，需要仔细检查龙骨的状态，确保其符合安装要求，以保证整个工程的质量。

③横纵交叉的龙骨必须牢固连接，保证交点处平整、直角相交。

二、开敞式吊顶的施工

开敞式吊顶的施工方法是将标准化的构件单元体按照一定数量和形式组合成整体，然后通过悬挂在结构基体下的龙骨或不经过龙骨直接悬挂来构成吊顶。这种吊顶既可以起到遮挡作用，又可以透气，同时还具备一定的装饰效果，是一种新型的顶棚设计。

在开敞式吊顶的制作过程中，常采用标准化单体构件来构建吊顶结构。这些构件可以使用木材、金属、塑料等材料制成。其中，金属材料的单元构件具有质轻耐用、防火防潮、色彩鲜艳等优点，因此成为了最为常用的材料之一。金属单元构件又可分为格栅型和格片型两种，供设计师和建筑师们根据需求进行选择和应用。

（一）木质开敞式吊顶施工

1. 安装前准备工作

在准备安装开敞式吊顶之前，需要进行与传统吊顶相同的准备工作，同时还需要对结构基底的底面和上方墙柱面进行涂黑处理，或者按照设计方案要求涂刷其他深色涂料。这样可以营造出更好的视觉效果，提升吊顶的装饰性。

2. 弹线定位

在进行吊顶顶棚安装前，需要确保结构基底及吊顶以上的墙柱面部分已经进行涂黑或其他深色涂料处理。根据吊顶顶棚标高，使用水柱法在墙柱面上测量出标高并弹出各安装件水平控制线。然后根据顶棚设计平面布置图，将单元构件的吊点位置及分片安装布置线弹到结构上。分片布置线一般从顶棚的一个直角位置开始排布，并逐步展开。在进行安装时，需要根据布置线将构件单元体进行拼排，并通过龙骨或直接悬吊在结构基体下，形成既遮又透，具有一定装饰效果的吊顶顶棚。

在正式弹线之前，需要核对顶棚结构基体的实际尺寸与设计平面布置图标注的尺寸是否相符，以及结构基体和柱面的角度是否方正。如果发现任何问题，需要及时进行调整和处理。

3. 单体构件拼装

木制单体构件可以采用多种方式拼装成单元体，如板与板组合框、方木骨架与板组合框、侧平横板组合柜框、盒与方板组合等多种形式。如图1-4-4和图1-4-5所示。

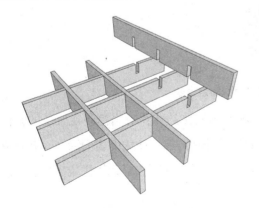

图1-4-4　木板方格拼装做法

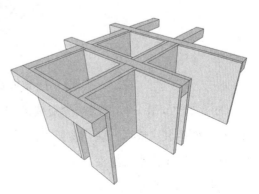

图1-4-5　木骨架和木单板拼装做法

木质单体构件使用板条的通用规格为宽度120～200mm、厚度9～15mm，长度按设计要求来定；方木的一般规格为50mm×50mm，其材质一般使用优质实木板或胶合板。板条及方木需要干燥，含水量不超过8%，不能使用易变形翘曲的树种加工的板条或方木。板条或方木都要经刨平、刨光打磨，使其规格尺寸一致后再进行拼装。

木质单体构件可以通过开槽咬合、加胶钉接、开槽开榫加胶拼接或者金属连接件加木螺钉连接等方式进行拼装。拼装后，单元体的外观应该是平整光滑、连接牢固、棱角平直、接缝隐蔽、尺寸统一。此外，需要在适当位置留出直角铁件或异形连接件，以便单元体相互连接，连接件的形式如图1-4-6所示。在使用盒板形式组装木质单体构件时，需要注意四个角的方正，接头处的胶结必须要牢固，对缝也要严密。为了加强连接的牢固程度，最好采用加钉加胶的连接方式进行固定，以防止构件变形。此外，还要注意保证构件的尺寸统一，以便后续拼装过程中能够顺利进行，如图1-4-7所示。

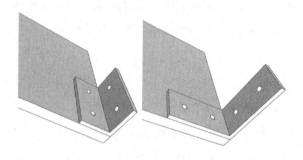

图1-4-6　分片组装端头连接件

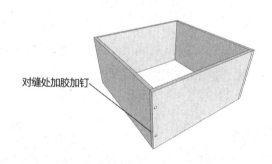

对缝处加胶加钉

图1-4-7　盒板组装对缝固定做法

为了方便安装并尽可能减少安装接头，木质单元体的体积应当控制在合适的范围内。在地面组装完成后，应当按照设计方案的要求进行防腐、防火的表面涂饰，并对外露表面进行腻子刮平、底漆、中层漆等工艺处理。最后，等所有单元体拼装完成后，统一进行最后的饰面施工。

4.单元件安装固定

（1）吊杆固定

安装吊杆时，需确保吊杆与地面垂直，同时与单元体连接牢固、不易变形。在实施过程中，可以适当移动和调整吊杆位置，直至安装正确后再进行最后的固定。这一步与之前实施各类吊顶的方法基本相同。吊杆高低位置调整构造如图1-4-8所示，吊杆左右位置调整构造如图1-4-9所示。

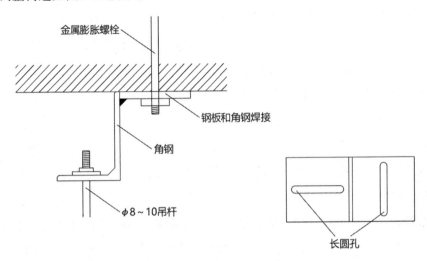

图1-4-8 分片组装端头连接件

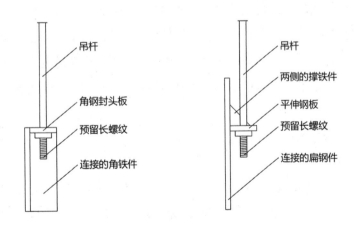

图1-4-9 盒板组装对缝固定做法

（2）单元体安装固定

连接木质单元体可以通过在顶部加装铁板或角钢，并使用木螺钉进行固定。在安装悬挂时，可以根据实际情况选择直接安装或间接安装。直接安装是指将单元体逐个抬起并穿过吊杆件，然后进行调平和固定。间接安装是将若干个单元体在地面上通过卡扣和钢管临时组装成整体件，然后一起抬起并穿过吊杆螺栓进行调平和固定。安装单元体时应从一个角落开始，按顺序安装到最后一个角落。通常情况下，最后一个单元体较难安装，因此需要提前预留几个单体构件不进行拼装，以便留出足够的空间用加钉加胶的方式进行补充。最后，整个吊顶顶棚应沿着墙壁和柱面进行连接和固定，以防止晃动。

5. 饰面成品保护

对于木质开敞式吊顶的表面装饰，通常需要进行终饰处理。终饰通常采用高级清漆进行涂刷，以保持木材的天然美观和纹理特点。在安装灯饰等物件之前，施工人员必须佩戴干净的手套，并且非常仔细地操作，以确保成品不受污染或破坏。如果有必要，可以使用塑料布、编织布等材料进行覆盖和保护。

（二）金属格片型开敞式吊顶施工

1. 单体构件拼装

要拼装格片型金属构件，先要将金属格片按照排列图案裁剪成指定长度，然后将其插入特制的格片龙骨卡口中。这样就可以完成拼装过程。

2. 单元件安装固定

一般情况下，格片型金属单元件的安装固定需要使用圆钢吊杆和专用吊挂件与龙骨相连。吊挂件的结构设计能够通过捏紧两边簧片来松开或者压紧，从而方便上下移动，以便于调整龙骨的平整度。在现场施工过程中，需要先将单元体组装成方形、圆形或矩形形状，然后使用吊挂件将龙骨与吊杆相连接并进行平整调整。也可以先安装好龙骨，然后逐个将金属格片插入龙骨口内。无论使用哪种安装方式，都需要将所有龙骨连接在一起，并将龙骨两端与墙柱面连接固定，以避免整个吊顶发生晃动。安装过程应该从边角开始，最后一个单元体应该留下几个金属格片先不安装，等到龙骨固定后再进行钩挂。

（三）金属复合单板网络格栅型开敞式吊顶施工

1. 单体构件拼装

通常情况下，复合单板网格格栅型金属单体构件的拼装是利用金属复合吸音单板，并通过特殊设计的网格支架将其嵌插组成不同的平面几何图案，如三角形、四边形、六边形等。也可以将两种或更多种几何图形组合成复合图案。

2. 单元件安装固定

（1）吊顶吊杆固定

安装此类型的吊顶顶棚需要进行精确的吊点标注，使用网格支架的吊杆需要分为两段，每段吊杆都需要有螺纹。上端的吊杆用于和建筑基体上的连接件紧密固定，下端的吊杆则用于连接网格支架。吊杆的规格选用需要经过计算，以确保满足网格体单位面积重量的要求。一般情况下，可以选择直径约为10mm的圆钢吊杆。

（2）单元件安装固定

这种类型的网络格栅单元体具有很好的整体刚度。在安装过程中，通常需要逐个将单元体提升到结构基体上进行安装，并从一个边角开始逐步进行。在现场施工时，需要注意控制和调整各个单元体之间的连接板，确保接头处的间距和方向准确无误。具体操作方法为，先将第一个网络单元体按照弹线位置安装并固定好，然后在第二个单元体的中间临时固定一个网络支架。同时，将数块接头板插入到连接两个单元体的两个网络支架槽插口内，由下往上逐步安装并调平第二个单元体并固定好。然后将这些接头板推到位，并分别安装上连接件和下封盖，最后补充其他接头板。

（四）铝合金格栅型开敞式吊顶施工

金属格栅型开敞式吊顶顶棚施工中常用双层0.5mm厚的薄铝板加工制成的铝合金格栅，其表面色彩多种多样，规格尺寸见表1-4-2所示。单元体组合尺寸一般为610mm×610mm，有多种不同格片形状，组成开敞式吊顶的常用图案有GD1、GD2、GD3和GD4四种，如图1-4-10至1-4-13所示。四种格条式顶棚规格见表1-4-3至1-4-5。

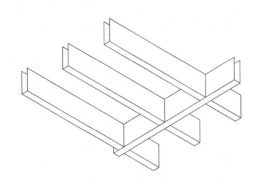

图1-4-10 GD1型铝合金格条组合形式

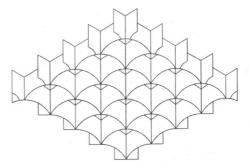

图1-4-11 GD2型格栅吊顶组装形式

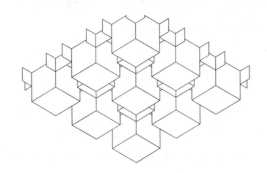

图1-4-12 GD3型格栅吊顶组装形式

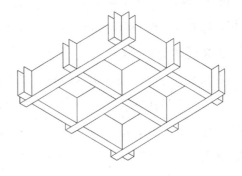

图1-4-13 GD4型格栅吊顶组装形式

表1-4-2 常用的铝合金格栅单体构件尺寸

规格	宽度W/mm	长度L/mm	高度H/mm	体积质量/（kg·m⁻³）
Ⅰ	78	78	50.8	3.9
Ⅱ	113	113	50.8	2.9
Ⅲ	143	143	50.8	2.0

表1-4-3 GD1格条式顶棚规格/mm

型号	规格W×L×H	厚度	遮光角a	型号	规格W×L×H	厚度	遮光角a
GD1-1	1260×60×90	10	3°~37°	GD1-3	1260×60×126	10	3°~37°
GD1-2	630×60×90	10	5°~37°	GD1-4	630×60×126	10	5°~37°

表1-4-4 GD2格条式顶棚规格/mm

型号	规格W×L×H	遮光角a	厚度	分格
GD2-1	25×25×25	45°	0.80	600×1200
GD2-2	40×40×40	45°	0.80	600×600

表1-4-5 GD3、GD4格条式顶棚规格/mm

型号	规格W×H×W₁×H₁	分格	型号	规格W×L×H	遮光角a
GD3-1	26×30×14×22	600×600	GD4-1	90×90×60	37°
GD3-2	48×50×14×36		GD4-2	125×125×60	27°
GD3-3	62×60×18×42	1200×1200	GD4-3	158×158×60	22°

1. 施工准备工作

铝合金格栅型单元件的整体刚度相对较低，因此在吊装时需要使用通长钢管和专用卡具将多个单元件组装在一起进行吊装。在进行吊装时，由于吊点位置和对应的吊杆数量较少，因此需要按照预先规划好的吊装方案来设计好吊点位置，并在合适的位置埋设或安装吊点连接件。

2. 单体构件拼装

如果格栅型铝合金板使用标准的单体构件，例如普通的铝合金板条，则单体构件之间的连接拼装采用与网络支架类似的托架和专用十字固件进行连接。如果采用铝合金格栅式标准单体件，则通常采用插接、挂接或榫接的方式进行连接。

3. 单元体安装固定

在安装铝合金格栅吊顶顶棚时，通常有两种安装方式。一种是直接将组装好的格栅单元体使用吊杆与结构基体连接，而不需要另外设立骨架支撑。这种方式需要使用较多的吊杆，因此施工进度会较慢。另一种方式是先将数个格栅单元体固定在骨架上，然后相互连接并调平形成整体，最后将整体举起并将骨架与结构基体连接。这种方式使用的吊杆数量较少，因此施工进度较快。无论采用哪种方式，都需要及时将铝合金格栅吊顶顶棚与墙柱面进行连接。

第五节　顶棚常用构造节点

一、纸面石膏板构造与节点模型

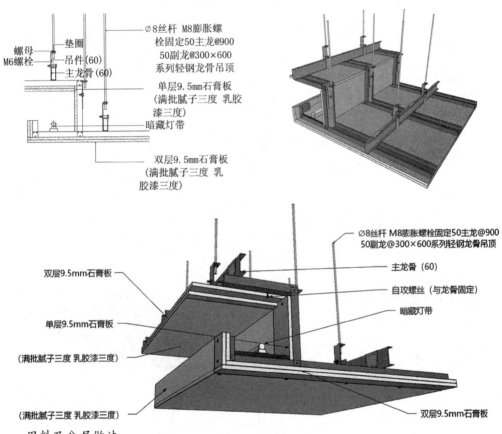

用料及分层做法：

①龙骨吸顶吊件用膨胀螺栓与钢筋混凝土板固定。

②∅8吊筋和配件固定50或75主龙骨；中距900mm。

③依次固定50副龙骨。

④9.5mm或12mm厚纸面石膏板，用自攻螺钉与龙骨固定.

⑤满刮2mm厚面层耐水腻子.

⑥涂料饰面。

施工说明：

①上人吊顶吊杆应取∅8或者大于∅8（不上人吊顶吊杆可取∅6或者∅6以上）。

②上人吊顶主龙骨壁厚可取1.2mm（不上人吊顶主龙骨可取1.0mm）。

③上人吊顶次龙骨壁厚可取0.6mm（不上人吊顶主龙骨可取0.5mm）。

④上人或不上人吊顶主龙骨高度均可以取60mm或者其他高度，根据设计要求定。

⑤上人或不上人吊顶次龙骨高度均可以取27mm，也可以取其他高度，根据设计定。

⑥石膏板吊顶沿墙边缘宜留出8～12mm槽，可以削弱因墙面不平，造成墙顶交界阴角不直的视觉观感。

注意事项：

①确保基面平整、干燥。

②硬包多层板基层，应先刷清油，做防腐防霉处理，防止以后变形。

③梅雨季节可用石膏板代替多层板进行施工。

二、硬包吊顶构造与节点模型

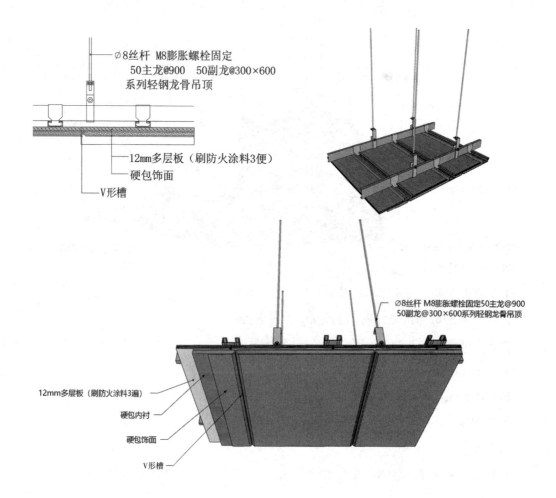

用料及分层做法:

①龙骨吸顶吊件用膨胀螺栓与钢筋混凝土板固定。

②∅8吊筋和配件固定50或75主龙骨;中距900mm。

③依次固定50副龙骨。

④多层板基层,用自攻螺钉与龙骨固定。

⑤多层板裁切后,刷清油进行防腐、防霉处理。

⑥等多层板晾干后,需两人配合对密度板进行硬包包裹,包裹时应拉紧硬包,以防日后空鼓。

⑦再把包好的硬包往吊顶上安装背面涂上硅胶,枪钉从侧面固定。

施工说明:

①上人吊顶吊杆应取∅8或者大于∅8(不上人吊顶吊杆可取∅6或者∅6以上)。

②上人吊顶主龙骨壁厚可取1.2mm(不上人吊顶主龙骨可取1.0mm)。

③上人吊顶次龙骨壁厚可取0.6mm(不上人吊顶主龙骨可取0.5mm)。

④上人或不上人吊顶主龙骨高度均可以取60mm或者其他高度,根据设计要求定。

⑤上人或不上人吊顶次龙骨高度均可以取27mm,也可以取其他高度,根据设计定。

⑥石膏板吊顶沿墙边缘宜留出8~12mm槽,可以削弱因墙面不平,造成墙顶交界阴角不直的视觉观感。

注意事项:

①确保基面平整、干燥。

②硬包多层板基层,应先刷清油,做防腐防霉处理,防止以后变形。

③梅雨季节可用石膏板代替多层板进行施工。

三、木饰面吊顶构造与节点模型

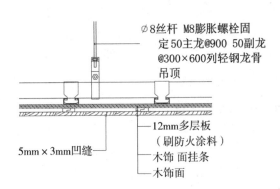

∅8丝杆 M8膨胀螺栓固定50主龙@900 50副龙@300×600列轻钢龙骨吊顶

12mm多层板(刷防火涂料)
木饰面挂条
木饰面

5mm×3mm凹缝

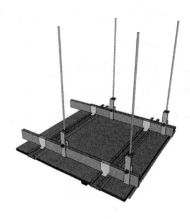

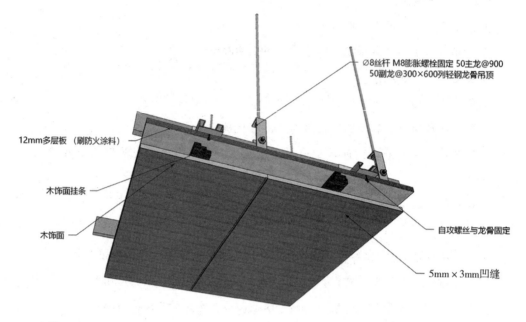

∅8丝杆 M8膨胀螺栓固定 50主龙@900
50副龙@300×600列轻钢龙骨吊顶

12mm多层板 （刷防火涂料）

木饰面挂条

木饰面

自攻螺丝与龙骨固定

5mm×3mm凹缝

用料及分层做法：

①龙骨吸顶吊件用膨胀螺栓与钢筋混凝土板或钢架转换层固定。

②∅8吊筋和配件固定50或60主龙骨；中距900mm。

③依次固定50副龙骨。

④18mm厚木工板或多层板基层用自攻螺钉与龙骨固定。

⑤根据木饰面自身情况选择相适应的挂条，背面打胶，安装。

⑥进行油漆修补。

注意事项：

①木工板基层需平整需，并进行防腐防潮处理。

②基层跨度较大时木饰面可用挂件安装，根据木饰面大小需考虑挂条承重。

③花格类施工可直接用枪钉从侧面固定。

④没有大面积的可以直接在木工板上粘贴。

⑤修补时避免二次污染。

⑥根据行业发展，木饰面基层最好直接用轻钢基层。

⑦木饰面背面需封漆，避免单面油漆双面受力不均导致变形。

四、不锈钢吊顶构造与节点模型

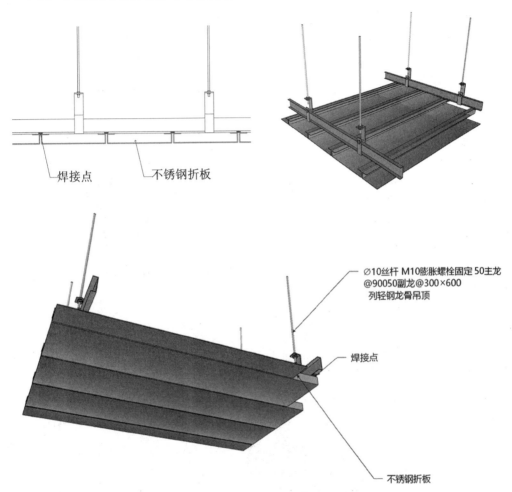

焊接点　　　不锈钢折板

∅10丝杆 M10膨胀螺栓固定 50主龙
@90050副龙@300×600
列轻钢龙骨吊顶

焊接点

不锈钢折板

用料及分层做法：

①龙骨吸顶吊件用膨胀螺栓与钢筋混凝土板或钢架转换层固定。

②∅10吊筋和配件固定50或60主龙骨；中距900mm。

③依次固定50副龙骨。

④逐步干挂安装不锈钢折板，点焊时需考虑间隙缝。

⑤根据不锈钢折板设计情况，基层也可加方管固定。

注意事项：

①干挂需考虑不锈钢折板与基层焊接的牢固度。

②干挂不锈钢折板之间的间隙缝要预留足，一般情况为8～10mm。

③为了装饰美观可以考虑对间隙缝封胶或安装装饰条处理。

④没有大面积的可以直接在木工板上粘贴。

⑤面积较大不锈钢需增加厚度或背部加背条，减少变形系数。

五、矿棉板吊顶构造与节点模型

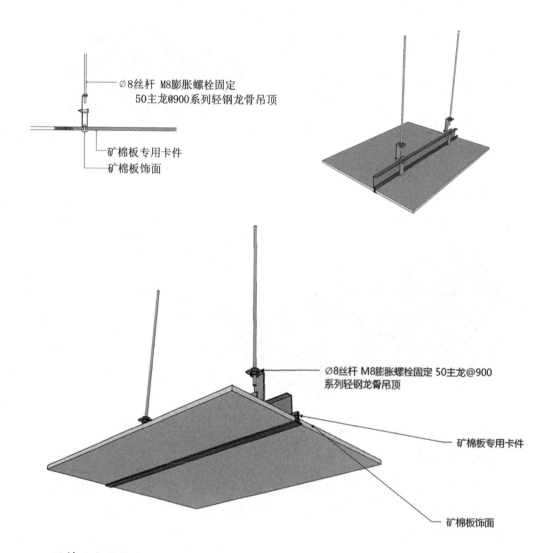

∅8丝杆 M8膨胀螺栓固定
50主龙@900系列轻钢龙骨吊顶

矿棉板专用卡件

矿棉板饰面

∅8丝杆 M8膨胀螺栓固定 50主龙@900
系列轻钢龙骨吊顶

矿棉板专用卡件

矿棉板饰面

用料及分层做法：

①龙骨吸顶吊件用膨胀螺栓与钢筋混凝土板或钢架转换层固定。

②8吊筋和配件固定50或60主龙骨；中距1200mm。

③明龙骨矿棉板直接搭在T形烤漆龙骨上即可。

注意事项：

①面积较大的石膏板吊顶需注意起拱，坡度按1/200设定。

②矿棉板吊顶不可安装在潮气较大的地方。

③此节点带有装饰线条。

④当灯具或重型设备与吊杆相遇时，增加的吊杆严禁安装在龙骨上。

六、硅钙板吊顶构造与节点模型

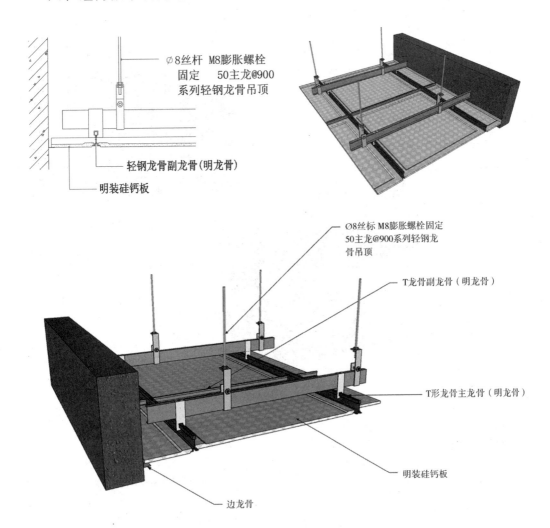

用料及分层做法：

①将硅钙板直接搁置在大、中龙骨翼缘上。不需要固定。

②安装应在自由状态下进行。

③先制作一个标准尺杆，安装时将其卡在两龙骨之间，用来控制龙骨间距。

④注意龙骨调直。

注意事项：

①注意挂件调节，保证每块硅钙板缝隙大小一样。

②当灯具或重型设备与吊杆相遇时，应增加的吊杆严禁安装在龙骨上。

七、有空调风管的吊顶构造与节点模型

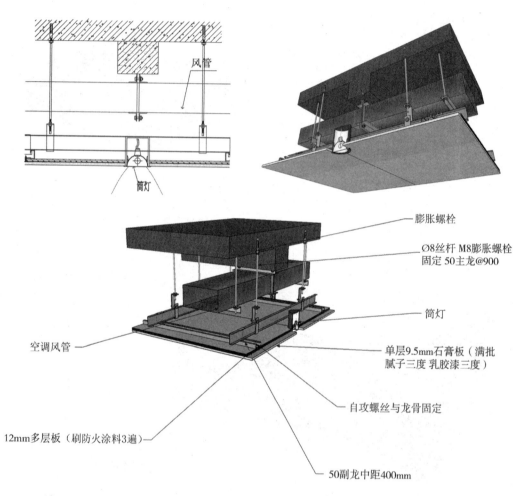

膨胀螺栓

∅8丝杆 M8膨胀螺栓
固定 50主龙@900

筒灯

单层9.5mm石膏板（满批
腻子三度 乳胶漆三度）

自攻螺丝与龙骨固定

50副龙中距400mm

空调风管

12mm多层板（刷防火涂料3遍）

用料及分层做法：

①根据图纸，空调风口进行安装，打吊筋、膨胀螺栓与钢筋混凝土相固定，安装风管。

②龙骨吸顶吊件用膨胀螺栓与钢筋混凝土板或钢架转换层固定。

③∅8吊筋和配件固定50或60主龙骨；中距900mm。

④依次固定50副龙骨，中距400mm。

⑤石膏板封平。

注意事项：

①风管需专用吊筋固定，不得搭在吊顶龙骨上。

②注意风口和吊顶之间距离，以及灯具的高度，确保给灯具留下足够的空间。

八、乳胶漆面和石材相接的吊顶构造与节点模型

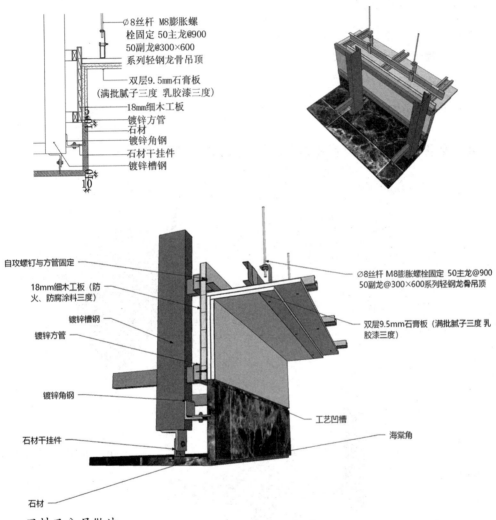

用料及分层做法：

①8#镀锌槽钢用膨胀螺栓与钢筋混凝土板固定。

②方管与槽钢焊接处理要保证完成面尺寸。

③18mm厚细木工板（防火、防腐涂料）用自攻螺钉与方管固定。

④轻钢主、副龙骨基层制作。

⑤轻钢延边龙骨用自攻螺钉与18mm厚细木工板固定。

⑥9.5mm或12mm厚纸面石膏板，用自攻螺钉与龙骨固定。

⑦满刮2mm厚面层耐水腻子。

⑧满刷乳化光油防潮涂料2道。

⑨按照石材版面焊接好角钢位置。

⑩石材与乳胶漆处留工艺凹槽，石材转角处建议留海棠角（按工艺要求定具体尺寸）。

⑪石材整体打磨处理。

注意事项：

①对石材干挂的尺寸把握。

②对工艺缝处理的把握。

③不同材质收口要完整。

九、乳胶漆面和石材线条相接的吊顶构造与节点模型

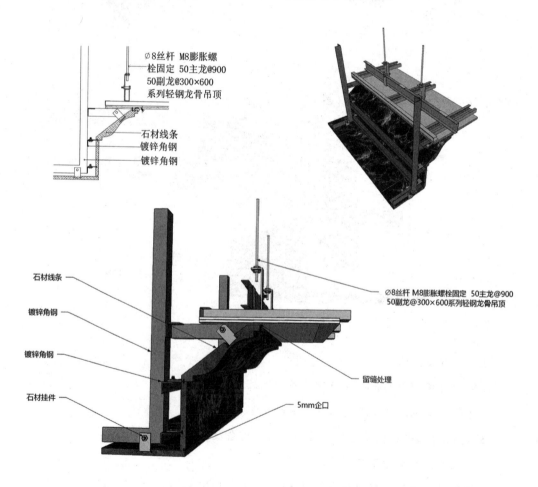

用料及分层做法：

①轻钢主、副龙骨基层制作。

②制作石材镀锌或涂刷防锈漆钢架基层。

③9.5mm或12mm厚纸面石膏板，用自攻螺钉与龙骨固定。

④安装石材阴角线，用不锈钢挂件干挂与钢架基层石材阴角线完成面应与顶面石膏板留有5mm间隙。

⑤顶面石材与侧石板留有5mm企口，注意成平保护。

⑥满刷乳化光油防潮涂料2道。

⑦满刮2mm厚面层耐水腻子。

注意事项：

①对完成尺寸的把握。

②对安装顺序的理解。

十、乳胶漆面和不锈钢相接的吊顶构造与节点模型

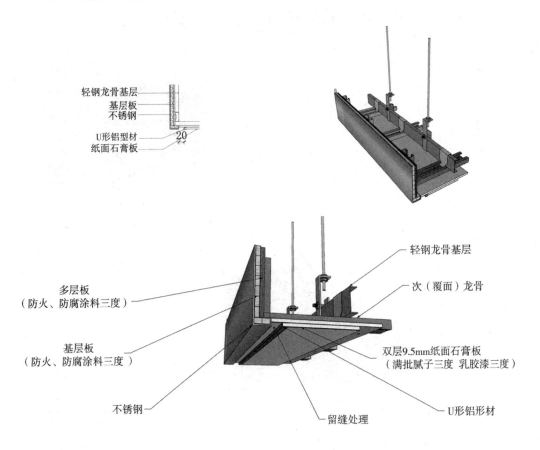

用料及分层做法：

①轻钢主、副龙骨基层制作。

②9.5mm或12mm厚纸面石膏板，用自攻螺钉与龙骨固定。

③细木工板用自攻螺钉与石膏板轻钢龙骨固定（防火、防腐涂料三度）。

④顶面石膏板与侧板留20mm间隙（尺寸可以调）、石膏板与不锈钢基层留20mm间隙（尺寸可调）。

⑤安装不锈钢，注意成品保护。

⑥满刷乳化光油防潮涂料2道。

⑦满刮2厚面层耐水腻子。

注意事项：

①对不锈钢尺寸控制。

②对安装顺序的理解。

③对不同材质收口完整。

十一、乳胶漆面和风口相接的吊顶构造与节点模型

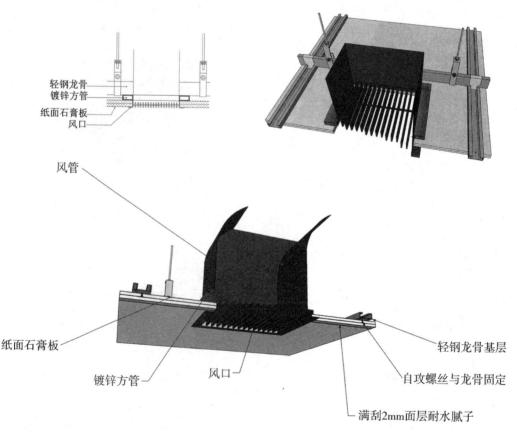

用料及分层做法：

①轻钢主、副龙骨基层制作。

②9.5mm或12mm厚纸面石膏板，用自攻螺钉与龙骨固定。

③安装20mm×40mm镀锌方管对风口加固。

④满刷氯偏乳液或乳化光油防潮涂料2道。

⑤满刮2mm厚面层耐水腻子。

⑥安装风口用自攻螺丝固定于方管。

注意事项：

①对风口尺寸控制。

②对安装顺序的理解。

③对不同材质收口完整。

十二、乳胶漆面和金属格栅相接的吊顶构造与节点模型

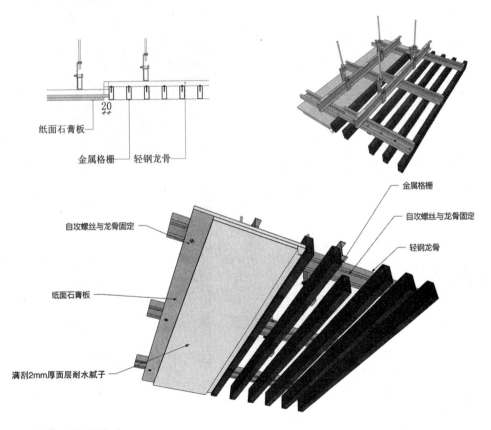

用料及分层做法：

①轻钢主、副龙骨基层制作。

②9.5mm或12mm厚纸面石膏板，用自攻螺钉与龙骨固定。

③石膏板与金属格栅留20mm间隙（尺寸可调）。

④安装金属格栅用自攻螺丝与副龙骨固定，注意顶面完成高度与石膏板完成面高度应一致，成品保护。

⑤满刷乳化光油防潮涂料2道。

⑥满刮2mm厚面层耐水腻子。

注意事项：

①对完成面尺寸的控制。

②对安装顺序的理解。

③对不同材质收口完整。

十三、乳胶漆面和GRG板相接的吊顶构造与节点模型

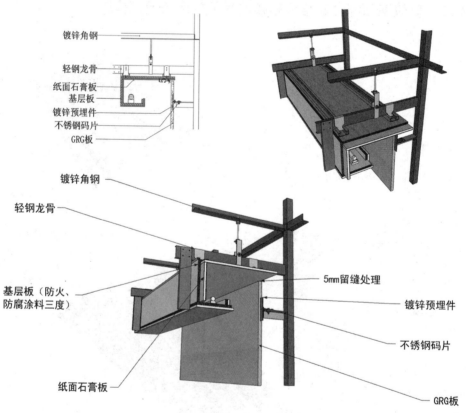

镀锌角钢
轻钢龙骨
纸面石膏板
基层板
镀锌预埋件
不锈钢码片
GRG板

镀锌角钢
轻钢龙骨
基层板（防火、防腐涂料三度）
纸面石膏板
5mm留缝处理
镀锌预埋件
不锈钢码片
GRG板

用料及分层做法：

①轻钢主、副龙骨基层制作。

②12mm厚阻燃夹板用自攻螺钉与龙骨固定；（防火、防腐涂料三度）。

③9.5mm或12mm厚纸面石膏板，用自攻螺钉与夹板固定。

④镀锌角钢与顶面用膨胀螺栓固定。

⑤角钢与角钢焊接处理满足完成面尺寸。

⑥安装固定GRG板用不锈钢挂件固定在镀锌角钢上。

⑦GRG板与顶面石膏板留有5mm间隙。

⑧满刷乳化光油防潮涂料2道。

⑨满刮2厚面层耐水腻子，涂料饰面。

注意事项：

①对完成面尺寸的控制。

②对安装顺序的理解。

③对GRG板特性的了解。

十四、 乳胶漆面和木饰面相接的吊顶构造与节点模型

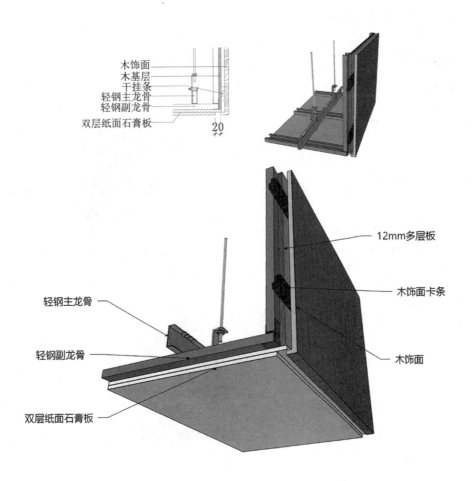

用料及分层做法：

①轻钢主、副龙骨基层制作间距900～1200mm。

②在有木饰面处覆9mm厚多层板（防火涂料三度）并用自攻螺钉与轻钢龙骨。

③9.5mm或12mm厚纸面石膏板，用自攻螺钉与龙骨固定；在与木饰面交界处留20mm空隙（尺寸可调）。

④满刷乳化光油、防潮涂料2道。

⑤满刮2mm厚面层耐水腻子。

⑥木饰面专用挂条用自攻螺丝固定间距300mm。

⑦成品木饰面板在背面上挂条后再与基层挂条处相接调平。

注意事项：

①对完成面尺寸的把握。

②对安装顺序的理解。

③对木饰面特性的了解。

④对工艺缝处理的技术掌握。

十五、石材和石膏板相接的吊顶构造与节点模型

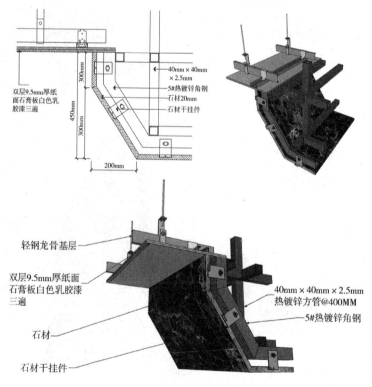

用料及分层做法：

①钢架基层焊接，并进行防腐防火处理。

②根据设计要求，选择所需石材。

③干挂石材选用不锈钢锚固件，每块板不少于2个挂点，板侧钻孔要注意不损坏板面。

④石材与石膏板相接处，石材压石膏板，石材与石膏板自然收口。

⑤施工完毕后要做好石材板面的清洁保护措施。

注意事项：

①对石材厚度的区分。

②对基层面整合的处理。

③对不同材质接缝的处理。

十六、铝格栅和石膏板相接的吊顶构造与节点模型

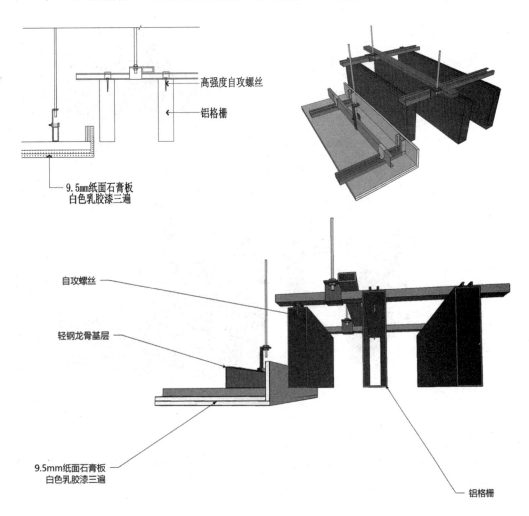

用料及分层做法：

①根据格栅吊顶平面图，弹出构件材料的纵横布置线。造型较复杂部位的轮廓线及吊顶标高线。

②固定吊筋吊杆、镀锌铁丝及扁铁吊件。

③格栅的安装。

④格栅安装完成后，再进行最后的调平。

⑤格栅与石膏板接口处石膏板上翻处理，与格栅留20mm间隙。

注意事项：

①对格栅种类、厚度的选择。

②对完成面的平整度的处理。

十七、铝格栅和木饰面相接的吊顶构造与节点模型

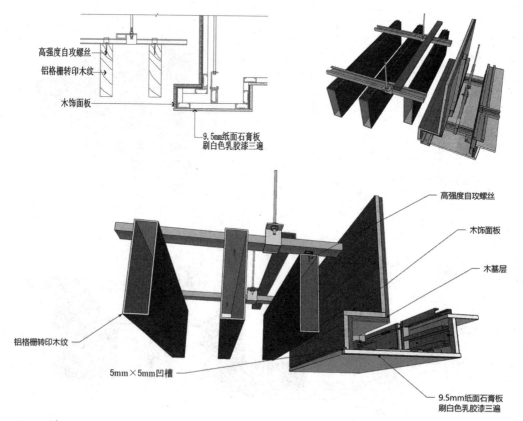

用料及分层做法：

①根据格栅吊顶平面图，弹出构件材料的纵横布置线。造型较复杂部位的轮廓线及吊顶标高线。

②固定吊筋吊杆、镀锌铁丝及扁铁吊件。

③格栅的安装。

④格栅安装完成后，进行最后的调平。

⑤格栅与木饰面处留50mm间缝。

注意事项：

①对格栅种类、厚度的选择。

②对完成面的平整度的处理。

十八、铝扣板和石膏板相接的吊顶构造与节点模型

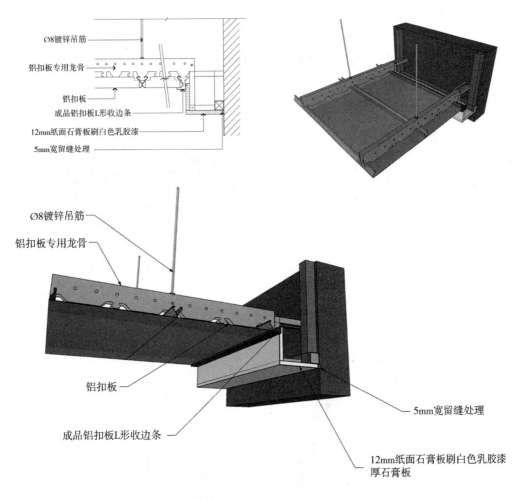

用料及分层做法：

①确定顶棚标高水平线和龙骨分档线。

②固定吊挂杆件。

③安装边龙骨。

④安装主龙骨。

⑤安装次龙骨。

⑥铝扣板安装。

⑦铝扣板与石膏板接缝处用成品扣板L形收边条收口。

注意事项：

①吊顶标高、起拱要符合要求。

②铝扣板与龙骨连接必须牢固。

③铝扣板块分割方式要符合要求。

④对铝扣板平整度的要求。

十九、铝板和石膏板相接的吊顶构造与节点模型

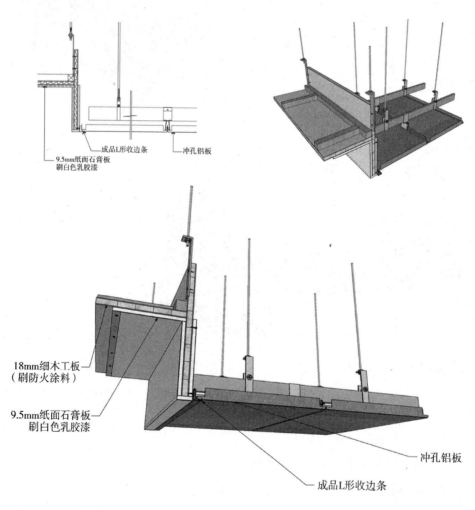

用料及分层做法：

①根据设计要求，确定标高基准线。

②安装预埋件、连接件。

③安装铝板。

④检查各铝板间的缝隙是否一致。

⑤用L形收边条与石膏板收口。

⑥清理铝板板面。

适用部位：

①纯铝板与石膏板。

②合金铝板与石膏板。

③复合铝板与石膏板。

④包铝铝板与石膏板。

⑤冲孔铝板与石膏板。

⑥蜂窝铝板与石膏板。

注意事项：

①铝板厚度的选择。

②对铝板和铝板间留缝的处理。

二十、风口和石膏板相接的吊顶构造与节点模型

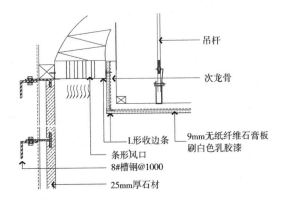
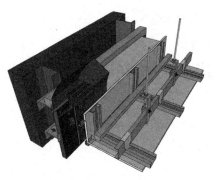

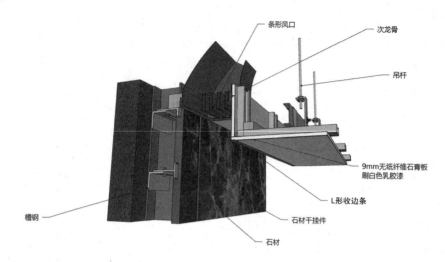

条形风口　　　　　　　次龙骨

吊杆

9mm无纸纤维石膏板
刷白色乳胶漆

L形收边条

槽钢　　　　　　　　　　　　　　石材干挂件

石材

用料及分层做法：

①根据图纸确认风口的大小和位置。

②根据开好的风口与吊顶的高度确认帆布的大小长短。

③安装空调系统风管。

④龙骨的安装。

⑤风口的安装。

适用部位：

①纯铝板与石膏板。

②合金铝板与石膏板。

③复合铝板与石膏板。

④包铝铝板与石膏板。

⑤冲孔铝板与石膏板。

⑥蜂窝铝板与石膏板。

注意事项：

①铝板厚度的选择。

②对铝板和铝板间留缝的处理。

二十一、软膜和石膏板相接的吊顶构造与节点模型

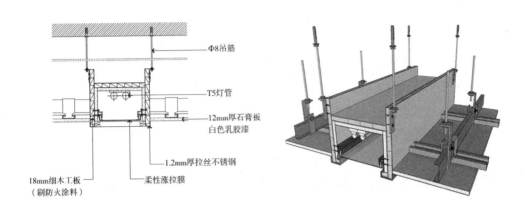

Φ8吊筋
T5灯管
12mm厚石膏板
白色乳胶漆
1.2mm厚拉丝不锈钢
18mm细木工板
（刷防火涂料）
柔性涨拉膜

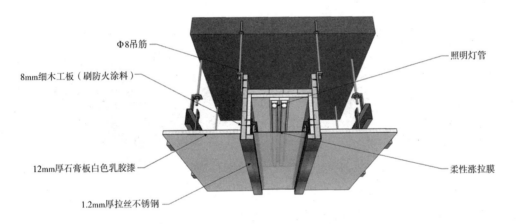

Φ8吊筋
8mm细木工板（刷防火涂料）
12mm厚石膏板白色乳胶漆
1.2mm厚拉丝不锈钢
照明灯管
柔性涨拉膜

用料及分层做法：

①在需要安装软膜天花的水平高度位置四周围固定一圈40mm×40mm支撑龙骨（木方或钢管）。

②所需的木方固定好后，在支撑龙骨的底面固定安装软膜天花的铝合金龙骨。

③所有的安装软膜天花的铝合金龙骨固定好后，再安装软膜。

④安装完毕后，用干净毛巾把软膜天花清洁干净。

⑤与石膏板相接处用不锈钢或其他相近材质收口。

适用部位：

①光面膜与石膏板。

②透光膜与石膏板。

③哑光膜与石膏板。

④绒面膜与石膏板。

⑤基本膜与石膏板。

注意事项：

①张拉膜内暗藏灯内部应涂白。

②软膜天花安装完工后，应检查施工质量。

③软膜天花面积较大时，需要中间位置加木方并分块安装。

④根据防火要求，张拉膜大芯板面层需黏结石膏板刮白。

⑤灯管安装时要考虑灯影。

二十二、纸面石膏板和钢结构圆柱相接的吊顶构造与节点模型

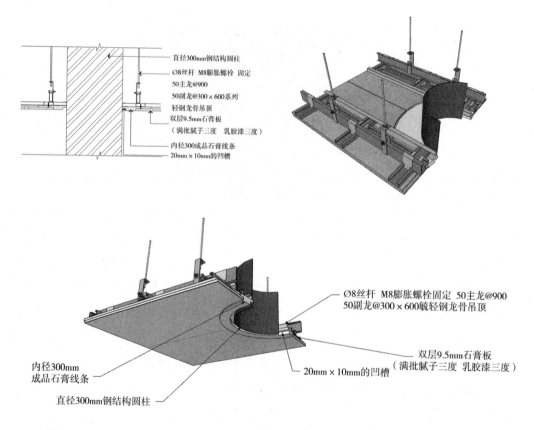

用料及分层做法：

①龙骨吸顶吊件用膨胀螺栓与钢筋混凝土板固定。

②50主龙骨间距900mm，50副龙骨间距300mm，副龙骨横称间距600mm。

③加工定制成品石膏线条，内经300mm，外径450mm，预留20mm×10mm的

凹槽。

④9.5mm厚纸面石膏板与成品石膏线条用自攻螺丝与龙骨固定。

⑤满批耐水腻子三度。

⑥乳胶漆涂料饰面。

二十三、窗帘盒和玻璃幕墙收口节点与构造模型

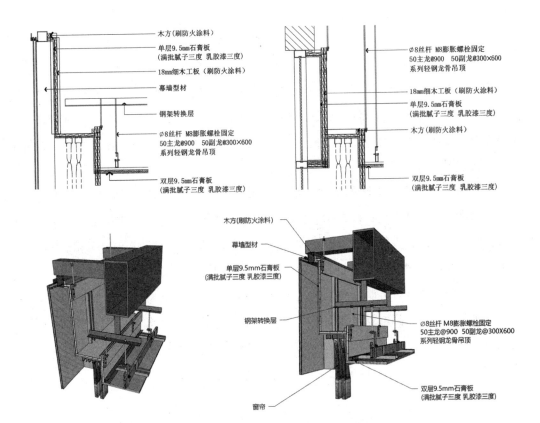

用料及分层做法：

①龙骨吊件与钢架转换层焊接固定，连接处满焊，刷防锈漆三遍。

②50主龙骨间距900mm，50副龙骨间距300mm，副龙骨横称间距600mm。

③18mm细木工板刷防火涂料三度，与吸顶吊件采用35mm自攻螺固定。

④9.5mm厚纸面石膏板，用自攻螺丝与龙骨固定。

⑤满批耐水腻子三度。

⑥乳胶漆涂料饰面。

第二章 墙柱面装饰装修与构造节点

第一节 墙柱面的基本知识

为了满足人们对于空间利用率和美观度的需求，现代装修采用各种罩面板或玻璃与龙骨骨架结合组成隔墙或隔断。这种结构不能用于承重，但由于其轻薄、重量轻、防火和防潮等特性，可以有效地增加使用面积，并且易于拆卸和安装，因此在室内装修中得到广泛应用。

现代装饰装修中，隔墙的形式和种类繁多。根据使用周期，隔墙可分为永久性、可拆装和可折叠三种类型；根据构造方式，隔墙可分为砌块式、主筋式和板材式；根据外部造型，隔墙可分为屏风式、帷幕式、空透式和家具式等。同时，新型隔墙形式也在不断涌现，如推柱式隔断和多功能活动半隔断等。例如，在大型开放式办公空间中，可以使用多个低隔断板拼装而成的多功能活动半隔断，以实现更为灵活的空间区域划分。无论哪种隔墙形式，都可以为装修提供更多的设计选择和实用性。

第二节 骨架隔墙工程

骨架隔墙工程是一种常见的隔墙形式，采用轻钢龙骨、木龙骨等作为骨架，墙面板材料常用纸面石膏板、水泥纤维板、木工板等。这种隔墙结构轻巧且易于组装，且墙面板材具有防潮、防火、隔音等优良特性，因此在室内装修装饰中得到广泛应用。

一、轻钢龙骨纸面石膏板隔墙

轻钢龙骨纸面石膏板隔墙是一种快速、经济、美观且安全的隔墙系统。这种隔墙系统采用轻质钢龙骨作为骨架，与石膏板和其他装饰材料结合在一起，具有防火、隔音、隔热、防潮等特性。同时，轻钢龙骨纸面石膏板隔墙施工简单方便，可以快速搭建出满足不同需求的隔断，是现代建筑中广泛采用的一种隔墙形式。

（一）轻钢龙骨隔墙的材料及工具

1. 轻钢龙骨隔墙材料

（1）龙骨材料

轻钢隔墙龙骨的种类多样，按照不同的截面形状、使用功能和规格尺寸进行分类。其中，C形和U形龙骨是两种常见的形状。横龙骨、竖龙骨、通贯龙骨和加强龙骨则是根据不同的使用功能进行划分的。根据实际需要，选择不同规格尺寸的龙骨，如C50系列、C75系列和C100系列等。一般来说，C50系列龙骨适用于层高在3.5m以下的隔墙，而对于要求更高的场所，如层高较高或施工要求较高的空间，可以采用C70或C100系列龙骨。

（2）紧固材料

在建筑结构中，常常使用各种紧固件进行连接和加固，例如膨胀螺钉、射钉、自攻螺钉、普通螺钉等。在使用紧固件时，需要严格按照设计要求选择合适的材料、规格和数量，以保证连接的牢固可靠。

（3）垫层材料

安装轻钢龙骨隔墙时需要使用垫层材料，如橡胶条、填充材料等，以起到减震、防噪、平衡龙骨和墙面的作用。垫层材料的选择要根据实际情况进行，严格按照设计要求进行安装。同时，垫层材料的质量、规格、数量等都需要符合要求，以确保隔墙的牢固性和稳定性。

（4）面板材料

轻钢龙骨隔墙的墙面板材料通常采用纸面石膏板。纸面石膏板分为普通和防水两种类型，具有重量轻、强度高、抗震性好、防火、防虫、隔热保温和隔音性能好、可加工性好等特点。在干燥的环境中，通常使用普通纸面石膏板；而在潮湿或需要防水的环境中，则选择防水纸面石膏板。

2. 轻钢龙骨隔墙工具

在轻钢龙骨隔墙的施工过程中，常用的施工工具包括气钉枪、电钻、墨斗和空气压缩机等。这些工具有助于加速施工进度，提高工作效率，并确保建造过程中的准确性和质量。

（二）轻钢龙骨隔墙的施工工艺

1. 施工条件

①在进行轻钢龙骨石膏罩面板隔墙的施工前，需要进行墙体的基本验收工作，确保墙面平整、干燥、无灰尘等。而石膏罩面板的安装则需要在屋面、顶棚和墙体抹灰完成之后进行，以确保面板的安装效果和质量。

②如果隔墙设计中包含地枕带，那么在进行轻钢龙骨的安装之前，需要先进行地枕带的施工，并确保地枕带已达到设计要求的强度。

③如果主体结构墙和柱子是由砖块砌成的，那么在隔墙和主体结构的接口处，需要预留一些防腐木块的空间以便进行连接，这些木块需要按照1 000mm的间距设置。

2. 施工工艺

轻钢龙骨纸面石膏板隔墙的施工工艺流程通常分为以下步骤：基层处理→墙体定位→垫层施工→安装轻钢龙骨→铺设活动地板面层→安装石膏板→暗缝处理。

（1）墙位放线

在轻钢龙骨纸面石膏板隔墙施工前，需要根据设计图纸在室内地面确定隔墙的位置，并将墙线引至顶棚和侧墙。通常墙线会以双线的形式出现，表示隔墙的两个垂直面在地面上的投影线。

（2）墙垫施工

在需要设置墙垫的情况下，根据设计要求，首先要对室内地面基层进行清理，并且在上面涂刷一层界面剂，然后才能够倒入C20素混凝土墙垫。墙垫的表面要保持平整，两侧面要垂直。在墙垫的内部，是否需要配置预埋件或钢筋结构，需要根据具体的设计要求来确定。

（3）安装沿边、沿顶及沿地龙骨

为了固定沿边、沿顶和沿地的轻钢龙骨，可以使用射钉或膨胀螺栓进行固定，通常间距为900mm，但最大间距不应超过1000mm。在轻钢龙骨与建筑基体表面接触处，需要在龙骨接触面的两边各粘贴一根通长的橡胶密封条，以起到防水和隔音的作用。但在固定时，要注意避开已敷设好的暗管，以避免损坏暗管。如图2-2-1所示。

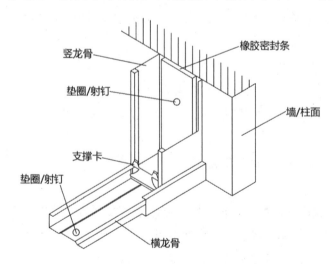

图2-2-1　沿地/顶和沿边龙骨固定结构

（4）轻钢竖龙骨的安装

①根据设计要求，竖向的轻钢龙骨要按照一定的间距进行安装，并根据罩面板的宽度来确定。如果罩面板较宽，则需要在其中间添加一个竖向的龙骨，而且两个竖龙骨之间的距离不能超过600mm。如果隔断墙的罩面层比较重，例如贴有瓷砖等，则竖龙骨之间的距离应不大于420mm。另外，当隔断墙的高度较高时，需要适当增加竖龙骨的数量以加强支撑。

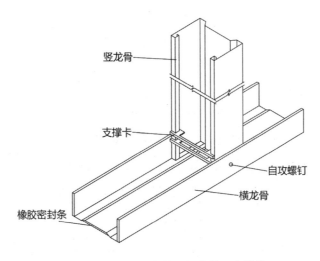

图2-2-2 沿地/顶龙骨和竖龙骨固定结构

②安装竖向龙骨时，应从隔断墙的一端开始排列，如果隔断墙有门窗，需要从门窗洞口位置开始向两侧展开。如果最后一根竖龙骨距离沿墙柱龙骨的尺寸大于设计规定的龙骨中间距离，则必须增加一根竖龙骨。将预先截好长度的竖龙骨推向沿顶、沿地龙骨之间，翼缘朝罩面板方向就位。如果龙骨的上下两端为刚性连接，则用自攻螺钉与横龙骨连接固定，如图2-2-2所示。如果采用有冲孔的竖龙骨，则其上下方向不能颠倒。在现场截断竖龙骨时，应从上端切割并准确对齐各条龙骨的贯通孔高度，使其在同一水平面上。

对于隔断墙上的门窗洞口处，需要按照设计要求进行竖龙骨的安装，以保证其强度和稳定性。为了加强龙骨的承重能力，可以采用双根龙骨并用或者加装扣盖盒子的方式。此外，对于门的尺寸较大或门扇面较重的情况，需要在门框外四周增加斜撑以增强支撑能力。同时，在安装门窗洞口处的竖龙骨时，也需要将门口与竖龙骨一起就位并固定。

（5）水平龙骨的连接

如果隔墙的高度超过石膏板的长度，需要增加水平龙骨以支撑石膏板的重量。水平龙骨的连接方式有多种选择，可以采用与竖龙骨相连的沿地和沿顶龙骨，也可以使用竖龙骨加上卡托连接方式，此外还可以使用角托来连接竖龙骨等不同的连接方式。根据具体情况，选择最合适的水平龙骨连接方式来满足设计要求。

（6）安装通贯龙骨

为了增加隔断墙的稳定性和承重能力，通常会安装通贯横撑龙骨。如果隔断墙的高度不超过3m，一道通贯龙骨就可以满足需求；而如果隔断墙高度在3~5m之间，则需要安装两到三道通贯龙骨。通贯龙骨需要横穿各条竖龙骨的贯通冲孔，并使用配套的连接件接长。在竖龙骨的开口面安装卡托或支撑卡与通贯横撑龙骨连接固定。如果需要增加连接的稳定性，可以在竖龙骨背面加设角托与通贯龙骨固定。对于使用支撑卡的龙骨，需要先将支撑卡安装在竖龙骨开口面，卡间距为400~600mm，距龙骨两端的距离为20~25mm。

（7）安装固定件

在隔断墙的安装过程中，如果需要设置配电盘、消火栓、脸盆、水箱等设备，以及吊挂件等附属装置，应当在安装骨架时就预留出对应的连接位置，并将连接件与骨架连接牢固。这样可以避免后期安装设备时对隔断墙骨架的损坏或影响墙体稳定性的情况发生。因此，在设计隔断墙时，需要考虑到设备和吊挂件的布置和安装方式，并在骨架的设计和安装过程中进行相应的预留和加固。

（8）安装纸面石膏板

①在安装石膏板时，应当竖向排列，并且要错开排列以达到更好的牢固度。使用自攻螺钉固定石膏板时，应按照从中间开始，逐渐向两侧固定的顺序进行。

②石膏板安装时，使用12mm长度的自攻螺钉固定12mm厚度的单层石膏板，使用35mm长度的自攻螺钉固定双层12mm厚度的石膏板。螺钉固定位置应距离石膏板的纸面包边大于10mm，小于16mm，距离石膏板的切割边不小于15mm。板边处的螺钉间距为250mm，中间位置的螺钉间距为300mm。固定时要注意螺钉帽微陷入石膏板内，但不能损坏石膏板纸面。

③为了避免隔墙下端的石膏板与地面直接接触，应在地面上留出10~15mm的缝隙，并使用密封膏填充缝隙以保持密封。

④如果是卫生间或湿度较高的区域，应该使用防水石膏板并安装墙垫。石膏板的下端和墙垫之间应该留出5mm的缝隙，并用密封膏密封起来，以确保防水效果。

⑤纸面石膏板上开孔处理。当需要在纸面石膏板上开圆孔时，可以使用麻花钻头进行操作；而开方形孔时，应先使用钻头钻出孔口，再用锯条修整孔口的边缘。

（9）暗缝处理通常采用填缝膏的方法

首先清理缝隙中的灰尘和杂物，然后使用填缝刀将填缝膏填入缝隙中并刮平。等待填缝膏干燥后，再次使用填缝刀刮平并使其平整。接下来，可以使用砂纸打磨缝隙表面，以确保表面光滑。最后用清水擦拭缝隙表面并让其干燥。

二、木龙骨轻质隔墙

木质罩面板、石膏板和其他板材可以组装成木龙骨轻质隔断墙，这种隔断墙施工方便、成本较低、使用价值高。因此，在室内隔断墙的设计和施工中，木龙骨轻质隔断墙也被广泛应用。

（一）木龙骨架结构形式

木龙骨隔断墙的骨架通常由上槛、下槛、主柱和斜撑等构成。根据其立面构造形式不同，可以将其分为全封闭隔断墙、带门窗隔断墙和半高隔断墙三种类型。不同类型的隔断墙其结构形式也有所不同。木龙骨隔断墙具有安装方便、成本低、使用价值高等优点，是一种被广泛应用的隔断墙体。

1. 大木方结构

对于采用大木方结构的木隔断墙，一般选择50mm×80mm或50mm×100mm的大木方作为主框架，框架规格为500mm×500mm左右的方框架或5000mm×800mm左右的长方框架，然后使用约4～5mm厚的木夹板作为基面板。这种结构通常用于高宽比较大的墙面如图2-2-3所示。

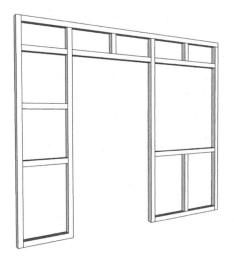

图2-2-3 大木方骨架结构

2. 小方木结构

（1）双层结构

根据现实情况需求，木隔断墙需要有一定的厚度，这类情况下通常使用

25mm×30mm的带凹槽木方做成两片龙骨的框架，框架的规格通常为300mm×300mm或400mm×400mm，再将两个框架用木方横杆相连接，这类结构通常适用于宽度为150mm左右的木龙骨隔断墙。

（2）单层结构

这种结构常用25mm×30mm规格的带凹槽木方组装，常用的框架规格为300mm×300mm。这类结构的木隔断墙多用于高度在3m以下的全封闭隔断墙或普通半高隔断墙。

（二）隔墙木龙骨架的安装

木龙骨隔断墙的木材种类、材质等级、含水率以及防腐、防虫、防火处理等必须符合设计要求和相关标准《木结构工程施工质量及验收规范》（GB 50206—2012）。在与砖、石、混凝土等接触的骨架和预埋构件上，需要进行防腐处理。同时，连接用的铁件也必须进行镀锌防锈处理，以确保隔墙的施工质量和使用寿命。

1. 弹线打孔

在进行隔墙施工前，需要根据设计图纸要求，在楼地面和墙面上标出隔墙的位置线和厚度线，同时确定固定点的位置，一般间距为300~400mm。接下来，使用直径为7.8mm或10.8mm的钻头在中心线上打孔，孔深度约为45mm，然后在孔内放入M6或M8的膨胀螺栓进行固定。需要注意的是，打孔的位置应该错开竖向木方的位置。如果使用木楔铁钉进行固定，则需要打出直径约20mm的孔，孔深度约50mm，然后向孔内打入木楔。

2. 固定木龙骨

在室内装饰工程中，固定木龙骨的方式有多种。为了不破坏原有建筑结构，在进行固定前需要根据设计图纸的要求，在楼地面和墙面上弹出隔墙的位置线和隔墙厚度线。然后按照设计要求和固定点的间距，在中心线上打孔，并向孔内放入适当的膨胀螺栓或木楔铁钉进行固定。同时需要注意打孔的位置与骨架竖向木方错开。

①一般情况下，安装木龙骨时，需要按照隔断墙的位置和高度要求，在地面、墙体和顶部等位置上确定固定点，以确保龙骨的稳定和牢固。

②为了固定木龙骨，需要在木龙骨上标出与地面和顶面的隔墙固定点对应的位置，并在这些位置上用钻头钻孔，孔的直径应比要使用的膨胀螺栓的直径稍大。

③半高隔断墙的固定方式主要依靠地面固定和端头与墙面的固定。如果端头与墙面无法对接，则可以采用铁件来加固端头处，加固部分主要是位于地面与竖向木方之间，如图2-2-4所示。

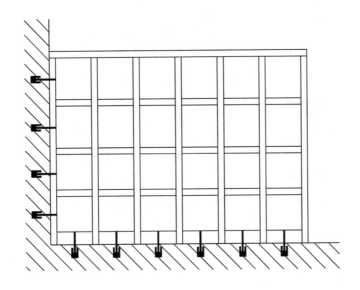

图2-2-4 短隔断墙的骨架结构

3. 木龙骨架与吊顶的连接

隔墙木龙骨架的顶部连接方式因情况而异。通常，可以使用射钉固定连接件、膨胀螺栓或木楔圆钉等方式与建筑楼板底连接。如果隔墙的顶部连接不是建筑结构，而是与装饰吊顶相连，则需要根据吊顶的具体情况来选择适当的处理方式。

对于不设门窗的隔墙，在与铝合金或轻钢龙骨吊顶接触时，要求隔墙与吊顶之间的缝隙小且平整，可采用木楔圆钉将隔墙木龙骨与吊顶内的建筑楼板结构单独固定。若隔墙与吊顶的木龙骨相接，则需将两者沿顶龙骨钉接，若两者之间有接缝，还需将接缝填实后再进行钉接。

为了增加开设门窗的隔墙的牢固度，需要使用竖向龙骨固定其顶部。这可以通过穿过吊顶并与建筑楼板底面相连的方式实现，并需要使用斜角支撑进行支撑。斜角支撑的材料可以是方木或角钢，其与楼板底面的夹角最好为60°。斜角支撑与基体的固定可以使用木楔铁钉或膨胀螺栓等方式。如图2-2-5所示。

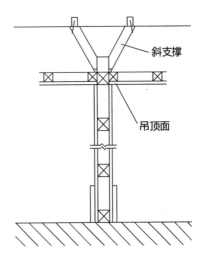

图2-2-5 带木门隔墙和顶面连接固定

（三）固定板材

木龙骨隔断墙的饰面基层板，通常采用木夹板、中密度纤维板等木质板材。以木夹板的钉装固定为例，木龙骨隔断墙饰面基层板的固定方法如下。

木龙骨隔断墙上固定木夹板的方式，通常有明缝固定和拼缝固定两种。

明缝固定是在两块板材之间留有一定宽度的缝隙。当没有施工图规定缝隙宽度时，应预留8~10mm的缝隙。若在明缝处不使用垫板，必须将木龙骨表面抛光，使明缝的上下宽度保持一致。在锯割木夹板时，应使用靠尺确保锯口的平直和尺寸的精确，完成后应用木砂纸打磨修边。进行拼缝固定时，应将木夹板正面四边进行倒角处理，倒角角度为45°，以便在后续的基层处理时可以将木夹板之间的缝隙填平。使用25mm枪钉或铁钉将木夹板固定在木龙骨上。要求钉子均匀布置，钉距控制在约100mm左右。一般情况下，厚度在5mm以下的木夹板使用25mm钉子固定，厚度在9mm左右的木夹板则使用30~35mm的钉子固定。

钉入木夹板的钉子头，可以先将钉头敲遍然后再打入木夹板内，也可以先将钉头与木夹板敲平，等木夹板全部固定后再用尖头冲将钉头逐个冲入到木夹板内1mm。枪钉的钉头可以直接埋入木夹板内无需另做处理。使用枪钉时要注意把枪钉口在板面上压实后再打钉，确保钉头能埋入到木夹板内。

（四）木隔墙门窗的构造

1.门框构造

隔墙门的门框结构是由门洞口两侧的竖向木龙骨作为基体，并配以挡位框、装饰边板或装饰边线等组件组合而成。传统的大木方骨架的隔墙门洞竖龙骨断面较大，挡位框的木方可直接固定在竖向木龙骨上。而对于采用小木方双层构架的隔墙门洞，则需要先在门洞内侧钉接固定12mm厚度的胶合板，然后再在上面固定挡位框。如果对隔墙门的制作要求较高，竖向木方需要有较大的断面，并采用铁件加固的方法，如图2-2-6所示。这样操作可以在一定程度上保证不会因为门频繁的开关震动而造成隔墙的结构松动。

为了使木质隔墙门框看起来更美观，一般采用包框饰边的结构形式。包框饰边的作用是将门框的边缘收边、封口并进行装饰，常见的方法包括厚胶合板加上木线包边、采用阶梯式包边，或用大木线条进行压边。在安装时，使用胶黏剂和铁钉将饰边固定在门框上，以确保固定牢固。铁钉要冲入门框的面层中，以保持表面的平整。

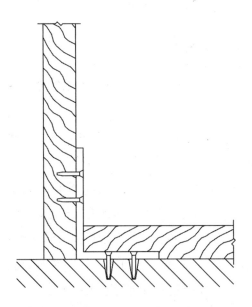

图2-2-6 木隔墙门框用铁件加固的做法

2.窗框构造

制作木隔断时，需要提前按照设计要求预留出窗框的位置。窗框一般由木夹板和木线条组合制作，通过压边和定位来保证其稳定性和美观度。在木隔断墙中，窗户的类型主要分为固定式和活动窗扇式。固定式窗户使用木条将窗玻璃固定在窗框内，而活动窗扇式的制作方式与普通活动窗户类似。

（五）饰面

对于木龙骨夹板墙身基面，有多种不同的饰面方法可供选择，包括涂料、裱糊和安装各种罩面板等。这些方法可以帮助提升木隔墙的美观度和实用性，让其更加适合不同的使用场景和需求。

第三节 板材隔墙工程

板式隔墙是一种常见的隔墙和隔断形式，它由选用的条板材料组成，例如石膏条板、石膏复合条板、加气混凝土条板、石膏水泥板面层复合板、压型金属板面层复合板以及各种面层的蜂窝板等。相比于传统的墙体构造，板式隔墙不需要安装龙骨骨架，而是采用高度等于室内净高的条形板材进行拼装。在安装条板的过程中，通常采用下加楔的方法。具体操作方法是先浇水在板顶和板侧以满足板材的吸水性要求，然后涂抹胶黏剂，将条板的顶面对齐并压实，接下来从班底两侧用木楔向下打进，调整板的位置以达到设计要求，最后再用细石混凝土进行填缝。

一、板材隔墙材料质量要求

选择符合设计质量要求的材料是工程质量的基础保障，材料的质量要求主要有以下几个方面。

①在采购复合轻质墙板、石膏空心板、预制钢丝网水泥板等板材时，必须检查其出厂合格证，并按照其产品质量标准进行验收。

②罩面板在安装前需要进行严格的质量检查，以确保其表面平整，边缘整齐，没有污垢、裂纹、缺角、翘曲、起皮、色差或图案不完整等缺陷。

③隔断墙用的龙骨和罩面板材料，要符合现行国家标准和行业标准的规定。

④罩面板的安装要使用镀锌的螺丝、钉子。接触砖石、混凝土的木龙骨和预埋的木砖要进行防腐处理，所有的木材制品要进行防火处理。

⑤人造板及其制品要符合《住宅装饰装修工程施工规范》（GB 50327—2001）和《民用建筑工程室内环境污染控制规范》（GB 50325—2001）中的规定，甲醛释放试验方法及限量值，见表2-3-1所示。

表2-3-1 人造板及其制品甲醛释放试验方法及限量值

产品名称	试验方法	甲醛限量值	使用范围	限量标准
中密度纤维板、高密度纤维板、刨花板、定向刨花板等	穿孔萃取法	≤9mg/100g	可直接用于室内	E_1
		≤30mg/100g	必须饰面处理后可允许用于室内	E_2
胶合板、装饰单板贴面胶合板、细木工板等	干燥器法	≤1.5mg/L	可直接用于室内	E_1
		≤5.0mg/L	必须饰面处理后可允许用于室内	E_2
饰面人造板（实木复合地板、竹地板、浸渍胶膜纸饰面人造板等）	气候箱法	≤0.12mg/m³	可直接用于室内	E_1
	干燥器法	≤1.5mg/L		

注：1. 仲裁机关在仲裁工作中需要做试验时，可采用气候箱法。

2. E_1为可直接用于室内的人造板，E_2为必须饰面处理后允许用于室内的人造板。

二、加气混凝土条板隔墙施工

1. 条板构造及规格

加气混凝土条板是一种轻质墙板，采用水泥、石灰、石英砂等材料混合制成，同时加入适量的加气剂，经过浇注、切割等工序制成。条板内还配有预先防锈处理过的钢筋网片,以增加其强度和稳定性。该种板材具有多孔性、轻质、隔热、隔声等优点,常用于建筑隔断、隔墙、隔音等方面。

加气混凝土条板可以用于室内隔墙和非承重外墙板,其生产成本相对较低,具有较好的保温性能和较低的建筑自重。根据不同的原材料,加气混凝土条板可分为水泥、矿渣和砂、水泥、石灰和砂以及水泥、石灰和粉煤灰加气混凝土条板。常用的规格包括厚度75mm、100mm、120mm、125mm和宽度为600mm,而条板长度则根据设计要求来定。为确保条板之间黏结牢固,条板之间的黏结砂浆层厚度一般为2~3mm,砂浆层要求饱满、均匀。条板之间的接缝可以采用平缝或倒角缝的方式。生产效率较高,可以利用工业废料,这些特点使加气混凝土条板成为一种广泛应用于建筑行业的重要材料。

2. 加气混凝土条板的安装

加气混凝土隔墙条板通常采用垂直安装方式,需要与主体结构紧密连接。板与板之间使用黏结砂浆进行黏结,并在板缝上下各1/3处按30°角钉入金属片。在转角墙和丁字墙的交接处,需要斜向钉入长度不小于200mm、直径为8mm的铁件。为确保加气混凝土条板的稳定性,上下部的连接一般采用刚性节点的做法:将板的上端涂抹黏结砂浆,与梁或楼板的底部黏结,并用木楔顶紧下部两侧。最后,用细石混凝土填实下部的缝隙,以确保加气混凝土条板的稳定性和牢固性。

在安装加气混凝土条板内隔墙时,应从门洞处向两端依次进行安装。如果门洞不存在,应按照从一端向另一端的顺序进行安装。门洞两侧需要使用整块条板进行安装。板与板之间的黏结砂浆灰缝宽度应控制在2~3mm左右,一般不超过5mm。板底的木楔需要进行防腐处理,并顺着板的宽度方向进行楔紧。门洞口过梁块连接如图2-3-1所示。

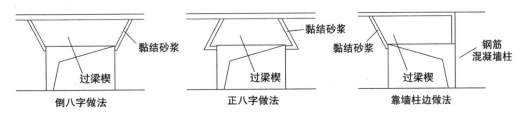

图2-3-1　门洞口过梁块的连接做法

在安装加气混凝土条板隔墙时,需要确保墙面垂直,表面平整。为了检查其垂直度和平整度,可以使用2m的靠尺进行测量,偏差最大不应超过规定的4mm。隔墙板的最小厚度应不少于75mm。当厚度小于125mm时,其最大长度应不超过3.5m。对于双层墙板的分户墙,需要相互错开两层墙板的缝隙。

为避免加气混凝土墙板受到损坏，不得直接悬挂重物，如确有需要，必须采取有效的加固措施。在装卸加气混凝土板材时，应使用专用工具，并进行良好的绑扎措施，以防止板材松动和碰撞。在运输过程中，应尽量将板材堆放在施工现场附近，避免二次搬运。堆放场地应坚实、平坦、干燥，不得直接将板材接触地面，侧立堆放并采取覆盖保护措施以避免雨淋。在加气混凝土墙板的安装过程中，主要施工机具和相应的配套材料，见表2-3-2所示。

表2-3-2　加气混凝土条板隔墙施工主要机具及主要配套材料

项目	名称	用途
主要施工机具	电动式台锯 锋钢锯和普通手锯 固定式摩擦夹具 转动式摩擦夹具 电动慢速钻（扩孔钻、直孔钻、大孔钻） 镂槽器 撬棍	板材纵横切锯 局部切锯或异性构件切锯 吊装横向板墙、窗过梁（主要用于外墙施工） 吊装竖向墙板（用于外墙） 钻墙面孔穴 墙面上镂槽
主要配套材料	塑料胀管、尼龙胀管、钢胀管	固定挂衣钩、壁柜隔板、木护墙龙骨、木门窗框等
	铝合金钉、铁销	隔墙板之间的连接
	螺栓夹板	隔墙板悬挂重物（厕所水箱、配电箱、脸盆支架等）

三、纤维板墙施工

纤维板是一种由碎木制成的板材，制作过程包括去除杂质、将木材加工成纤维状、喷胶、成型、干燥和高温压制。这种板材采用废木材作为原料，具有许多优点，如可以有效地节约原材料、面积规整、无缝无节、材质均匀、纵横方向强度相等、易于施工、外观美观、具有很好的装饰性和广泛的应用范围。

纤维板隔墙安装施工需要注意以下几点：

①选用普通钉子固定时，硬质纤维板的钉间距为80～120mm，钉长度为20～30mm，钉帽敲扁后要略微钉入板面，钉眼要用油性腻子将其抹平。这样可以使板面平整、不让钉帽生锈，而且可以防止板面产生空鼓、翘曲。选用木压条进行固定时，钉间距一般不大于200mm，钉帽敲扁后要略微钉入板面，钉眼用油性腻子抹平。

②选用硬质纤维板罩面装饰或隔断时，在隔断的阳角处要做护角，防止在使用过程中损坏墙角。

③硬质纤维板不能直接进行安装固定，要在安装前要用清水浸透、晾干后才能使用，这样可以防止产生较大变形。

四、石膏板隔墙施工

石膏板在建筑装修领域中被广泛使用，有多种不同的类型可供选择。例如，纸面石膏板、装饰石膏板、石膏空心条板、纤维石膏板以及石膏复合墙板等。

（一）石膏板隔墙施工

石膏板是一种轻质、高强度的建筑材料，其主要原料是建筑石膏。该材料具有薄、易加工、良好的隔音、隔热和防火性能等特点。石膏板可分为纸面石膏板、无面纸纤维石膏板、装饰石膏板、石膏空心条板等多个品种，可以广泛应用于建筑装修领域。

石膏空心条板主要采用天然石膏或化学石膏作为原料，加入适量的水泥、石灰和粉煤灰等辅助胶结材料，还添加了一些增强纤维。这些原材料被混合并加水搅拌制成料浆，然后将其浇注成型并抽出中间的芯材，最后进行干燥。

石膏空心条板通常具有2 500～3 000mm的长度、500～600mm的宽度和60～90mm的厚度。该板材表面平整光滑，拥有质量轻、强度高、隔热、隔音、防火和加工性好等优点，施工方便。石膏空心条板的种类根据原材料的不同分为石膏粉煤灰硅酸盐空心条板、磷石膏空心条板和石膏空心条板，根据防潮性能的不同分为普通石膏空心条板和防潮空心条板。

1.石膏条板隔墙的构造形式

石膏空心条板常用于分隔房间和建造隔墙，通常采用单层或双层空心板，内部可以设置空气层或矿棉层以增加隔音效果。单层石膏空心板隔墙的骨架通常采用剖开的石膏板条，宽度为1 500mm，整个条板的厚度约为100mm。空心部位可用于穿线，并固定开关、插座等设备。连接梁和石膏墙板时，通常使用下楔法和灌浇干混凝土，上部可选择软连接或直接顶在梁或楼板下。板墙之间、板墙和顶板以及板墙侧边与柱、外墙之间都需要用108胶水泥砂浆黏结。如果墙板宽度小于条板宽度，则需要根据实际需求将条板锯开后进行拼装连接。空心板隔墙的隔音性能及外观和尺寸允许偏差值见表2-3-3和表2-3-4所示。

表2-3-3　石膏珍珠岩空心条板隔墙隔音性能

构造	厚度/mm	单位面积质量/(kg·m⁻²)	隔音性能/dB	
			指数	平均值
单层石膏珍珠岩空心板	60	38	31	31.35
双层石膏珍珠岩空心板（空气层）	60+50+60	76	40	40.76
双层石膏珍珠岩空心板（棉毡层）	60+50+60	83	46	46.95

表2-3-4　石膏空心条板外观和尺寸允许偏差

项次	项目	指标
1	对角线偏差/mm	<5
2	抽空中心线位移/mm	<3
3	板面平整度	长度2mm、翘曲≤3mm
4	掉角	掉的角两直角边不同时>60mm×40mm，且该值同板不能有2处
5	裂纹	裂纹长度≤100mm，且该值同板不能有2处
6	气孔	不能有3个以上>10mm的气孔

2. 石膏条板隔墙的施工工艺

石膏空心板隔墙的施工顺序如下：首先根据设计要求进行墙位放线，然后竖直安装立墙板，墙底缝填塞混凝土以加强墙体的稳定性，并进行嵌缝处理，确保隔墙平整结实。

在安装石膏空心板隔墙时，需要根据放线位置安装定位木架。首先，在板的顶面和侧面刷上108胶水泥砂浆，然后推紧侧面，再顶牢顶面。在板的下端两侧1/3处垫两组木楔并使用靠尺检查。接下来，可以浇注细石混凝土于下端，或者先在地面上放置混凝土条块，再黏上石膏空心条板。在实施过程中，需要先进行防潮处理，以避免石膏空心板底端在安装时吸水。安装完成后，可以对墙底缝进行填塞混凝土并进行嵌缝处理。

在安装踢脚线之前，首先要在其下方涂刷稀释后的108胶水。接着，用108胶水泥浆将踢脚线部位涂刷一遍，并等待其初步凝固。最后，使用水泥砂浆将其压实并磨光。

石膏空心条板隔墙的墙板与墙板的连接、墙板与地面的连接、墙板与门口的连接、墙板与柱体的连接、墙板与顶板的连接，如图2-3-2～图2-3-5所示。板缝采用不留明缝的做法，一般做法是在涂刷防潮涂料之前，先刷水湿润两遍，再抹上石膏膨胀珍珠岩腻子，再进行勾缝、填实、刮平。

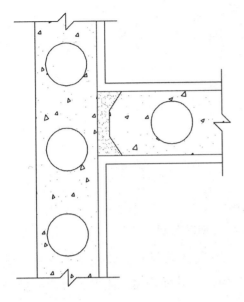

图2-3-2　墙板和墙板的连接

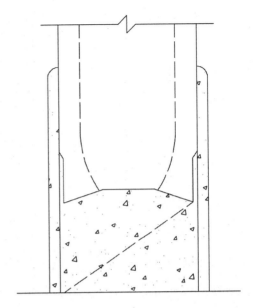

图2-3-3　墙板和地面的连接

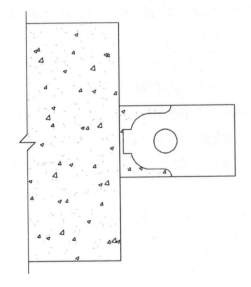

图2-3-4　墙板和柱的连接

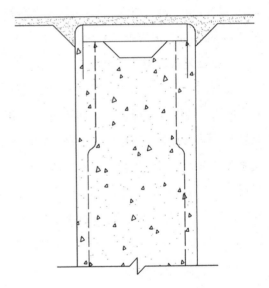

图2-3-5　墙板和顶板的连接

（二）石膏复合墙板隔墙的施工

1.石膏复合墙板一般构造

石膏面层的复合墙板通常是由两层石膏板或纤维石膏板和一定截面的石膏龙骨、木龙骨或轻钢龙骨组成。这些组件通过黏合并经过干燥处理后制成轻质复合板材。常用的石膏板复合墙板，如图2-3-6所示。

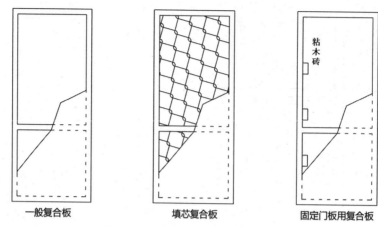

一般复合板　　　　　　填芯复合板　　　　　固定门板用复合板

图2-3-6　常用石膏板复合墙板示意图

石膏板复合墙板按其面板不同可分为纸面石膏板和无纸面石膏复合板；按其隔音性能不同可分为空心复合板与填心复合板；按其使用途径不同可分为一般复合板与固定门框复合板。纸面石膏复合板的一般规格为：长度1500～3000mm，宽度800～1200mm，厚度50～200mm。无纸面石膏复合板的一般规格为：长度3000mm，宽度800～900mm，厚度74～120mm。

2. 石膏复合墙板的安装施工

石膏板复合板通常用于建造分隔室或隔断墙，也可以使用两层复合板构建带空气层的分户墙。墙体与梁或楼板的连接通常采用下楔法，即在墙体下端加垫木楔并填充硬性混凝土。隔墙的下部结构可以根据实际需求进行墙基设计或不做墙基，门框和墙体的固定通常采用固定门框用复合板的方法，将木门框固定在预埋的复合板的木砖上。木砖的间距通常为500mm，可以使用黏结和钉接的固定方法。墙体与门框的固定如图2-3-7～图2-3-10所示。石膏板复合墙的隔音标准要按照设计要求选定的隔音方案。墙体中要避免设点门、插座、穿墙管等。必须设置时，要采取相应的隔音构造，见表2-3-5所示。

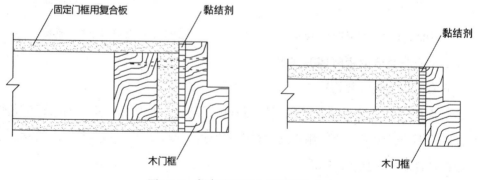

图2-3-7　复合墙板和木门框的固定

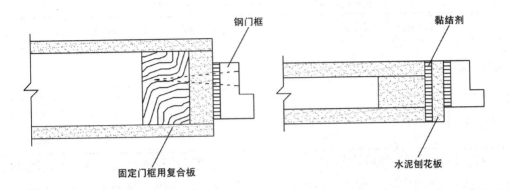

图2-3-8 复合墙板和钢门框的固定

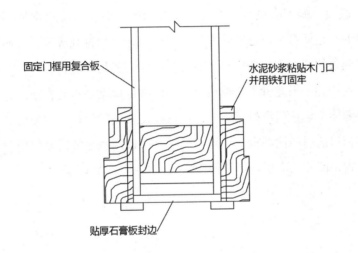

图2-3-9 复合墙板端部和木门框固定

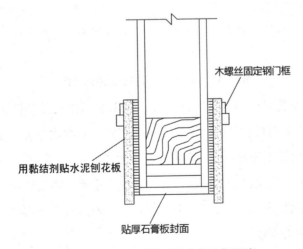

图2-3-10 复合墙板端部和钢门框固定

表2-3-5　石膏板复合墙体的隔音、防火和限高

类别	墙厚/mm	单位面积质量/（kg·m⁻²）	隔音指数/dB	耐火极限/h	墙体限高/mm
非隔音墙	50	26.6	—	—	
	92	27~30	35	0.25	3000
隔音墙	150	53~60	42	1.5	3000
	150	54~61	49	>1.5	3000

安装石膏板复合板隔墙的施工顺序通常为：先进行墙位的放线，然后进行墙基的施工，接着安装定位架，安装复合板并立门窗口。最后，填充墙底缝隙，使用干硬性细石混凝土进行填塞。

在墙位放线后，施工人员会适当凿出楼地面的毛面，并清除浮灰，然后洒水使地面湿润，现浇混凝土墙基。复合板的安装通常从一端开始排列放置，按照预定的顺序进行安装。如果剩余的宽度不足整板时，需要按照所需的尺寸进行补板。当补板宽度超过450mm时，需要增加一根龙骨来支撑板材，同时在四周粘贴石膏板条，并在板条上粘贴石膏板。如果隔墙上设置门窗口，施工人员需要先安装门窗口一侧较短的墙板，然后立口，再安装门窗口的另一侧墙板。一般情况下，门口两侧墙板需要使用边角比较方正的整板，同时在拐角两侧的墙板也需要使用整板，如图2-3-11所示。

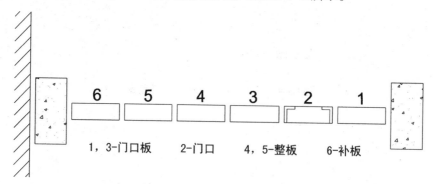

图2-3-11　复合板隔墙安装顺序示意图

在进行复合板安装时，需要将墙面顶部、侧部和门窗口外侧面清除浮土，涂抹胶黏剂成"Λ"状，安装时要保证侧面严密，上下紧贴，接缝内胶黏剂要饱满，一般凹进板面5mm左右。接缝宽度为35mm，板底空隙不超过25mm，安装木楔时，要涂抹胶黏剂，并保证上下接触面完全接触，确保木楔不外漏于墙面。在安装第一块复合板后，需要检查其垂直度，并使用检查尺进行平整度检查。在顺序安装过程中，如发现板面接缝不平，需要及时使用夹板校正。

制作双层复合板的墙体时，首先安装一面复合板，确保房间内侧墙面平整。然

后，在复合板之间留出一定的空气层。在空气层侧的墙板缝隙处，要使用胶黏剂紧密填充缝隙。在进行第二面复合板的安装前，需要先完成电气设备和管线的安装工作。在安装第二道复合板时，要将板缝与第一道墙板错开，同时确保房间外侧墙面平整。

第四节　玻璃隔墙工程

建筑装饰工程中，玻璃是常用的材料之一，广泛应用于门窗、墙面、隔断等部位。它不仅可以作为建筑的围护结构，还可以用于创造艺术装饰效果。在满足实际使用需求的基础上，玻璃本身也具备很高的装饰性和艺术价值。

一、玻璃板隔墙施工

在建筑装修工程中，玻璃被广泛应用于门窗、墙体饰面、隔断等部位。玻璃隔断墙通常使用骨架来支撑玻璃。骨架材料主要有木质和金属两种。根据玻璃在隔断中所占面积比例的不同，可将玻璃隔断墙分为半玻璃和全玻璃两种类型。在选择玻璃材料时，需考虑其是否符合设计和施工要求。常用的玻璃类型包括钢化玻璃、普通平板玻璃、磨砂玻璃、压花玻璃以及彩色玻璃等。在施工过程中，需要使用各种机具和工具，如电焊机、冲击电钻、切割机、手持钻、玻璃吸盘、直尺、水平尺和注胶枪等。

玻璃板隔墙的施工需要遵循以下流程：首先进行弹线放样，确定隔墙的位置和尺寸；然后进行龙骨下料组装，按照设计要求加工出骨架；接着将骨架固定在墙上，形成隔墙的框架；然后进行玻璃的安装，将选用的玻璃按照要求安装在框架上；接着进行嵌缝打胶，将玻璃与框架之间的缝隙填充胶水；最后进行清理墙面，清除施工过程中产生的污垢和杂物，使墙面干净整洁。

①弹线放样，主要包括确定地面位置线、墙柱位置线、高度线以及沿顶位置线等，并通过垂直弹线的方式将其准确标示出来。这样可以为接下来的龙骨下料组装和固定框架等工作提供准确的施工依据。

②龙骨下料组装，需要根据设计图纸和实际情况来确定尺寸。使用专业工具对龙骨进行切割和组装，确保其符合规格要求。

③固定框架的方法取决于使用的材料。对于木质框架，可以使用预埋木砖或安装木楔的方法将框架固定在墙面和地面上。对于铝合金框架，可以使用铁角件的方法将框架固定在墙面和地面上

④安装玻璃，首先使用玻璃吸盘将玻璃固定住，然后将玻璃插入框架的上方槽

口，缓慢地放下将其安装入下方槽口。如果需要组装多块玻璃，每块玻璃之间的接缝应保留2~3mm的缝隙（或与玻璃肋厚度相同的缝隙），以确保安装后的隔墙面平整。

⑤安装玻璃后，需要对玻璃进行校正，使其平整度、垂直度达到要求。接着，用聚苯乙烯泡沫条将玻璃嵌入槽口内，使玻璃与金属槽结合平滑且紧密。随后，在缝隙处打上硅酮结构胶，并等待其达到既定强度。最后，对玻璃表面上的杂物进行清理，确保玻璃表面平整干净。

二、空心玻璃砖隔墙施工

空心玻璃砖是一种高强度、外观整洁、易清洗、具有良好防火性能、透光性强、且有一定装饰效果的建筑材料。其主要应用于室内隔墙或其他部分墙体的构建，不仅能有效划分空间，还能为室内提供充足的自然采光。

（一）隔墙施工材料与常用机具

空心玻璃砖是一种玻璃制品，由两块凹形玻璃通过箱式模具压制而成，并胶结在一起形成一个或两个空腔。这些空腔可以填充干燥空气或其他绝热材料。经过退火工艺处理后，涂饰侧面并成为一体，被广泛应用。相比实心玻璃砖，空心玻璃砖更轻便、隔热性更好，且在建筑行业中常用于墙体、隔断等方面。

空心玻璃砖有许多不同的规格可供选择，其中包括长宽为115mm×115mm、140mm×140mm、190mm×190mm、240mm×240mm等，厚度均为95mm。这些砖还有白色、茶色、蓝色、绿色、灰色等不同的颜色可供选择，以及各种精美的条纹图案，使得它们在装饰工程中具有很高的灵活性和适应性。

在空心玻璃砖隔墙施工中，常用的施工机具有电钻、水平尺、靠尺、橡胶榔头、砌筑和勾缝用的工具等。

（二）空心玻璃砖隔墙施工

①固定金属型材框架用的镀锌膨胀螺栓的直径应不小于8mm，间距应不大于500mm。用于厚度为95mm的空心玻璃砖的金属型材框，最小截面为100mm×50mm×3.0mm；用于厚度100mm的空心玻璃砖的金属型材框，最小截面为108mm×50mm×3.0mm。

②空心玻璃砖隔墙的砌筑砂浆等级为M5，一般选用42.5的白色硅酸盐水泥和粒径小于3mm的洁净砂子拌合制成。

③当室内空心玻璃砖隔墙的高度和长度都超过1500mm时，为了增加墙体的稳定性和承载能力，需要在垂直方向上每两层空心玻璃砖之间水平设置φ6mm的钢筋，并使其

伸入金属型材框架中，尺寸应大于等于35mm。同时，在水平方向上，每3个缝至少要垂直设置一根钢筋，以进一步增强墙体的稳定性和承载能力。为了确保墙体的牢固性，最上层的空心玻璃砖需要深入顶部的金属型材框中，深度应大于等于10mm，且不超过25mm。这些措施可以确保墙体的结构牢固可靠，提高其抗震和抗压能力，从而保障建筑物的安全性和稳定性。

④安装空心玻璃砖时，需要在砖与砖之间留出适当的间隙，这些间隙应该尽可能地均匀。每个缝隙在10~30mm的宽度。

⑤当安装空心玻璃砖和金属型材框时，需要在它们接触的部位留出一些空隙。对于接触部位，应该留出宽度不小于4mm的滑缝，并在腹部接触的部位留出宽度不小于10mm的胀缝。这些空隙应该用沥青毡和硬质泡沫塑料填充。对于金属型材框与建筑墙体和屋顶的结合部位，以及空心玻璃砖砌体与金属型材框翼端的结合部位，应使用弹性密封材料进行封闭。

⑥空心玻璃砖墙如果不设外框，要根据装饰效果要求设置饰边。饰边通常有木质饰边和不锈钢饰边。木质饰边可根据设计要求做成各种线型，常见的形式如图2-4-1所示。不锈钢饰边常用的有单柱饰边、双柱饰边、不锈钢板槽饰边等。常用的形式如图2-4-2所示。

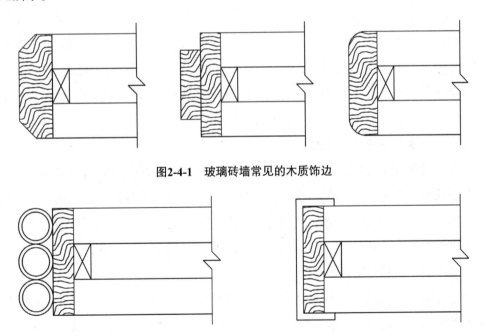

图2-4-1　玻璃砖墙常见的木质饰边

图2-4-2　玻璃砖墙常见的不锈钢饰边

第五节　其他隔断工程

除了划分空间的功能外，隔断还具有很强的装饰性。它不像隔墙那样受到隔音和遮光的限制，而是可以灵活地设计和制作，可以有各种形态、高度、透明度、材料和效果，从而达到美化室内空间的目的。相比较隔墙而言，隔断更加灵活，可以更好地增强空间的分隔和深度，因此使用隔断来划分室内空间，可以创造出多变而丰富的空间效果。

隔断有多种不同的类型，根据固定方式的不同，可以分为固定式隔断和活动式隔断；根据开启方式的不同，可以分为推拉式隔断、折叠式隔断、直滑式隔断和拼装式隔断；根据材料类型的不同，可以分为木隔断、竹隔断、玻璃隔断等；根据装饰形式的不同，可以分为花格空透式隔断和其他装饰隔断。在室内空间隔断的使用中，活动式隔断和空透式隔断是最常见的两种类型。

一、空透式隔断

空透式隔断主要是指以划分空间为主要目的，同时也可隔绝视线，但并不一定具有隔音功能。它的形式通常为花格状，而不是封闭的墙面。在室内空间中，常见的空透式隔断包括花格、落地罩、隔扇和博古架等不同形式的隔断。这些隔断通常采用水泥制品、竹木材料或金属材料制作而成。它们的共同特点是能够起到分隔空间和增强室内装饰效果的作用，同时也可以透过隔断看到对面的空间，营造出开放而舒适的环境感受。

（一）水泥制品花格空透式隔断

水泥制品用于制作隔断时，可以分为两类：一类是由各种形状的小花格组成，另一类是由条板和小花格或其他装饰性元素组成。在设计小型花格时，需要先明确隔断的性质和用途，并根据实际情况确定花格的开放程度、通透程度、轻盈感和重量感。小花格的基本形态应具有可变性，而辅助形态则需要与基本形态的尺寸相互协调。

（二）竹、木花格空透式隔断

竹、木花格空透式是一种隔断形式，其设计灵感来自中国传统室内装饰。竹、木花格空透式隔断因其轻巧、易制作、精致、清新的风格而受到青睐。此类隔断采用传统图案进行雕刻，制成各种漂亮的花纹，可与绿化、水体相协调，从而创造出一种自然古朴的氛围。

（三）金属花格空透式隔断

金属花格可以采用两种成型方法：一种是浇铸成型，利用预先设计好的模具将铁、铜、铝等金属材料浇铸成花格；另一种是弯曲成型，使用扁钢、钢管、钢筋等材料弯曲成各种形状的花格。这些花格可以与边框焊接、铆接或螺栓连接，组成空气流通的隔断。此外，隔断上还可以添加有机玻璃等装饰件。金属花格的成型方法多样，品种繁多，图案丰富，结构坚固耐久，造型美观，而且组合方式多种多样，使得隔断造型更具生动感和灵动性。

二、活动式隔断

活动式隔断也被称为活动隔断、活动屏风、移动隔断、移动屏风、移动隔音墙等。它的最大特点是使用时非常灵活，可以根据需要随时打开或关闭，从而实现不同空间的分隔和结构划分。根据不同的装配方法，可以将活动式隔断分为拼装式、折叠式和帷幕式等多种类型。无论是哪种类型，活动式隔断都为使用者提供了更加便捷和自由的空间使用方式。

①拼装式活动隔断是一种使用可装卸壁板或隔板进行拼装的隔断系统，其特点是无需设置滑轮和轨道。为了方便拆卸和安装，该隔断系统的上下两端会配备长槛。这种隔断系统的装配方式简单灵活，不仅易于操作，而且能够快速地改变室内空间的划分结构，满足不同场景下的使用需求。同时，由于采用了可装卸的壁板或隔板，使得拆卸、搬运和储存都变得十分方便，因此被广泛应用于各类公共场所和商业场所。

②折叠式隔断是由多个独立扇面组成的隔断，可沿轨道推拉移动并折叠叠放。与拼装式隔断不同，折叠式隔断在底部设置了导轨和滑轮以增加稳定性。同时，隔断板的下部可用弹簧卡紧地板，以防止晃动。这种隔断的优点是灵活性高，可根据需要随时打开或关闭隔断，节省空间。

活动式隔断被广泛应用于各类场所，如星级酒店宴会厅、高档酒楼包间、高级写字楼会议室等，其优点是非常明显的，包括稳定安全、隔音环保、隔热节能、高效防火、美观大方、收放灵活、便携易存等。因此，该隔断形式在酒店、宾馆、多功能厅、会议室、宴会厅、写字楼、展厅、金融机构、医院、工厂等多种场合得到了广泛的应用。

第六节 墙柱面常用构造节点

一、石材和墙砖相接的墙面构造与节点模型

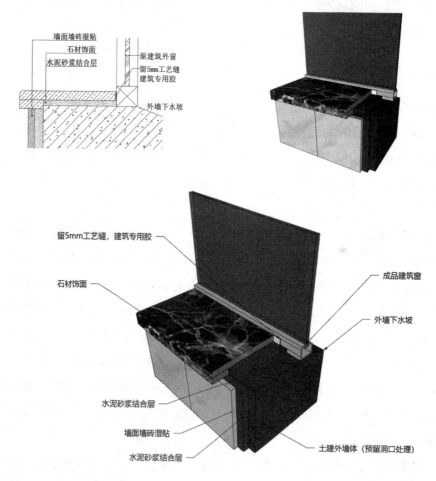

用料及分层做法：

①施工工序：

准备工作—放线—材料加工—基层处理—水泥砂浆结合层—石材专用胶—铺贴—灌封擦缝—完成面处理。

②用料分析：

a. 选用20mm大理石。

b. 选用12mm玻化砖。

c.石材铺贴普通硅酸盐水泥配细沙或粗砂或用石材专用AB胶铺贴。

d.墙砖用普通硅酸盐水泥或胶泥铺贴。

e.石材需做六面防护。

③完成面处理：

a.用填缝剂灌缝、擦缝、保洁。

b.用保护膜做成品保护。

适用部位：

石材窗台板与墙面砖、石材背景与墙面砖、石材线条与墙面砖、石材台面与墙面砖、石材踢脚与墙面砖。

注意事项：

①分清贴法工艺。

②对不同材质加以区分。

③石材线条与线条间的拼接关系。

④收口完整。

二、石材和木饰面平接的墙面构造与节点模型

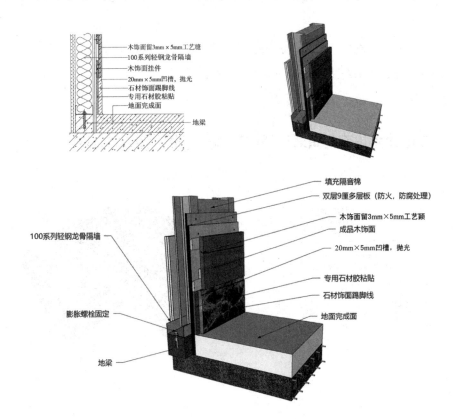

用料及分层做法：

①施工工序：

准备工作—放线—材料加工—基层处理—轻钢龙骨隔墙—木饰面固定—石材专用胶—铺贴石材—木饰面安装—完成面处理。

②用料分析：

a. 选用指定加工石材。

b. 定制成品木饰面基础材料多层板。

c. 用石材专AB胶铺贴。

d. 木饰面基础做好三防处理。

e. 石材做好六面防护。

③完成面处理：

a. 保证石材与木饰面拼接缝完整。

b. 石材做抛光处理。

c. 用保护膜做成品保护。

适用部位：

石材背景和木饰面背景、石材线条和墙面木饰面、石材台面和墙面木饰面。

注意事项：

①木饰面留凹槽或V形缝，大于5mm的贴木皮，小于5mm的着色；

②木饰面安装从上到下，最后一块做活动板；

③先安装石材，后安装木饰面。

三、石材和木饰面阴角对接的墙面构造与节点模型

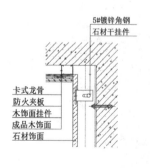
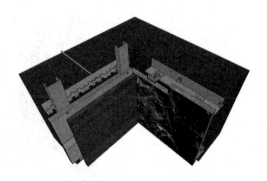

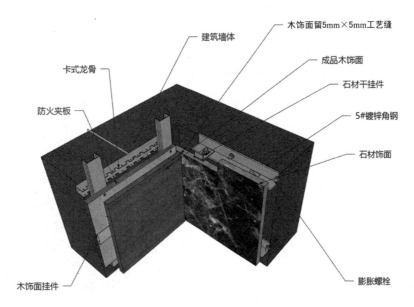

用料及分层做法：

①施工工序：

准备工作—放线—材料加工—基层处理—木饰面基础固定—干挂结构框架固定—干挂石材—木饰面安装—完成面处理。

②用料分析：

a. 选用指定加工石材20mm。

b. 定制成品木饰面基础材料，防火板、龙骨、木饰面加工5mm×5mm工艺缝。

c. 用石材专用AB胶干挂。

d. 石材做好六面防护。

③完成面处理：

a. 保证石材与木饰面拼接缝完整。

b. 石材做抛光处理。

c. 用保护膜做成品保护。

适用部位：

石材背景和木饰面背景、石材线条和墙面木饰面、石材台面和墙面木饰面、石材造型转角和墙面造型转角。

注意事项：

①石材贴法工艺。

②石材和木饰面的拼接，木饰面预留5mm×5mm工艺缝。

③石材线条转角加固。

④木饰面挂条间隙与木饰面紧密贴合。

四、石材和木饰面阳角对接的墙面构造与节点模型

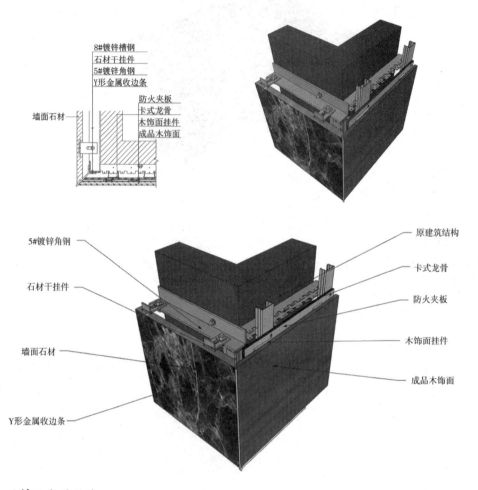

用料及分层做法：

①施工工序：

准备工作—现场放线—材料加工—基层处理—轻钢龙骨隔墙制作—石材干挂结构框架固定—木饰面基础固定—石材专用黏结剂—干挂石材—成品木饰面安装—完成面处理。

②用料分析：

a.轻钢龙骨隔墙材料。

b.选用指定石材加工。

c. 木饰面基层安装。

d. 用石材专用AB胶干挂压收口条。

e. 木饰面基层需做三防处理。

f. 石材需做六面防护。

③完成面处理：

用专用保护膜做成品保护。

适用部位：

石材背景与木饰面背景、石材线条与墙面木饰面、石材台面与墙面木饰面、石材造型转角与墙面造型转角。

注意事项：

①石材与木饰面的拼接方式确定、加收口条。

②把握干挂石材导致墙面基层变厚，木饰面的调整。

五、石材和不锈钢相接的墙面构造与节点模型

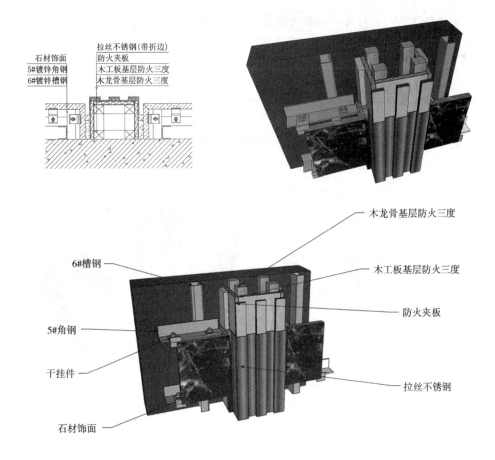

用料及分层做法：

①施工工序：

准备工作—现场放线—材料加工—干挂石材结构框架固定—基层处理—用木龙骨、防火板制作基础—定制不锈钢—干挂石材—安装不锈钢—完成面处理。

②用料分析：

a. 槽钢、镀锌角铁制作石材结构框架。

b. 选用定制石材安装。

c. 不锈钢基层制作木龙骨、防火板。

d. 不锈钢安装。

e. 石材用专用胶固定、需做六面防护。

③完成面处理：

a. 用专用填缝剂擦缝、保洁。

b. 用专用保护膜做成品保护。

适用部位：

石材墙面与门套、石材背景与装饰线条框、石材背景与不锈钢框架背景。

注意事项：

①当不锈钢与石材拼接高度不在一条线上时注意前后压边关系。

②不锈钢造型与木基层黏结厚度应在3mm左右，用玻璃胶、万能胶粘平板。

六、木饰面与玻璃阴角对接的墙面构造与节点模型

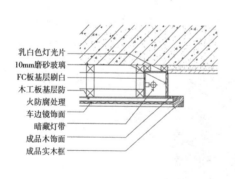

乳白色灯光片
10mm磨砂玻璃
FC板基层刷白
木工板基层防
火防腐处理
车边镜饰面
暗藏灯带
成品木饰面
成品实木框

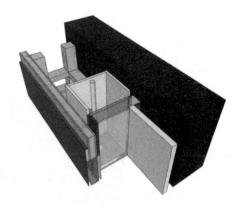

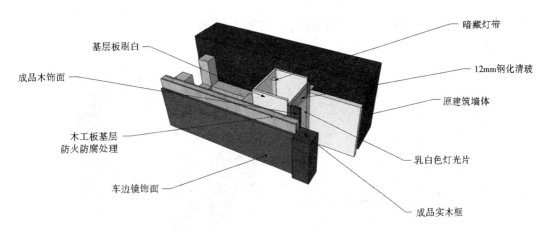

基层板刷白
成品木饰面
木工板基层
防火防腐处理
车边镜饰面
暗藏灯带
12mm钢化清玻
原建筑墙体
乳白色灯光片
成品实木框

用料及分层做法：

①施工工序：

准备工作—现场放线—材料加工—基层处理—龙骨调平—木工板基层—粘贴玻璃—干挂木饰面—完成面处理。

②用料分析：

a. 选用玻璃10mm。

b. 选用12mm木饰面。

c. 木饰面选用9mm厚干挂件。

d. 银镜车边处理。

e. 自攻螺丝点需做防锈处理。

③完成面处理：

a. 木饰面面层修补、保洁。

b. 用专用保护膜做成品保护。

适用部位：

木饰面线条与镜框、木饰面背景与银镜、木饰面线条与墙面银镜、木饰面台面与银镜、木饰面踢脚与银镜。

注意事项：

①玻璃的高度，安全。

②对不同材质加以区分。

③收口完整。

④玻璃与灯带要有足够的距离散射光源。

七、木饰面与玻璃平接的墙面构造与节点模型

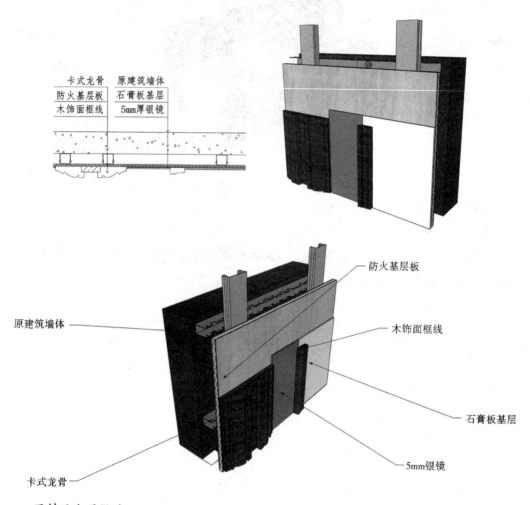

用料及分层做法：

①施工工序：

准备工作—现场放线—材料加工—基层处理—卡式龙骨框架固定—细木工板基层—玻璃专用胶黏结—完成面处理。

②用料分析：

a. 选用指定木饰面12mm厚及加工线条。

b. 选用5mm玻璃镜面。

c. 选用卡式龙骨做框架，固定安装调平。

d. 自攻螺丝点防锈处理。

e. 细木工板需做防火防腐处理。

③完成面处理:

a.面层修补、保洁。

b.用专用保护膜做成品保护。

适用部位:

木饰面线条与镜框、木饰面背景与银镜、木饰面线条与墙面银镜、木饰面台面与银镜、木饰面踢脚与银镜。

注意事项:

①玻璃粘贴工艺。

②对不同材质加以区分。

③木饰面线条与玻璃间的拼接关系。

④收口完整。

⑤木饰面压玻璃镜面处必须见光处理,防止反射。

八、木饰面与不锈钢阴角对接的墙面构造与节点模型

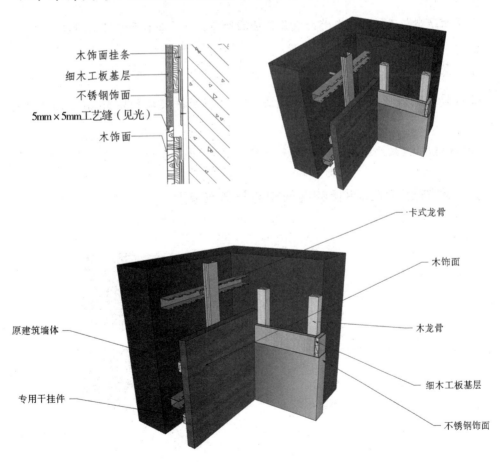

用料及分层做法：

①施工工序：

准备工作—现场放线—材料加工—基层处理—卡式龙骨调平—木饰面基础固定—木龙骨结构框架固定—细木工板基层—成品木饰面安装—不锈钢粘贴—完成面处理。

②用料分析：

a. 选用指定加工不锈钢1.2mm厚。

b. 定制成品木饰面基础材料轻钢龙骨。

c. 用专业干挂件干挂。

d. 卡式龙骨调平基层。

③完成面处理：

a. 保证不锈钢与木饰面拼接缝完整。

b. 不锈钢插在木饰面里面。

c. 用专用保护膜做成品保护。

适用部位：

木饰面造型与不锈钢、木饰面线条与墙面造型、木饰面台面与墙面造型。

注意事项：

①不锈钢折边工艺。

②木饰面做好基层定制并适当加固，与不锈钢拼接处预留5mm×5mm空隙伸缩缝。

③不锈钢特性与玻璃相似，可以反射光射，要求伸进去的木饰面见光处理。

九、木饰面与墙纸平接的墙面构造与节点模型

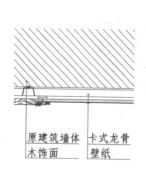

原建筑墙体　卡式龙骨
木饰面　　　壁纸

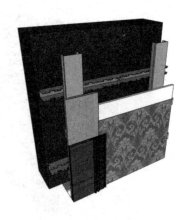

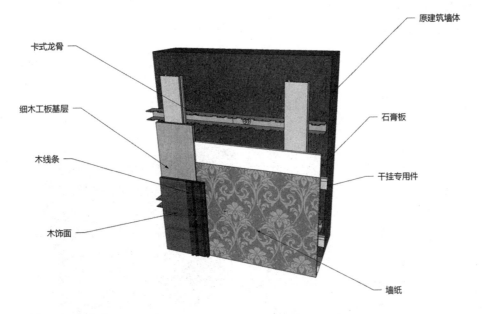

卡式龙骨

细木工板基层

木线条

木饰面

原建筑墙体

石膏板

干挂专用件

墙纸

用料及分层做法：

①施工工序：

准备工作—现场放线—材料加工—基层处理—卡式龙骨隔墙制作—木饰面基础固定—石膏板层固定—粘贴墙纸—成品木饰面安装—完成面处理。

②用料分析：

a. 卡式龙骨材料可调整墙面厚度。

b. 选用指定木饰面。

c. 定制成品木饰面基础材料木工板。

d. 专用干挂件干挂木饰面。

e. 木饰面基础需做三防处理。

f. 纸面石膏板钉眼做防锈处理。

③完成面处理：

a. 保证墙纸与木饰面拼接缝中不锈钢折边平直完整。

b. 用专用保护膜做成品保护。

适用部位：

墙纸背景与木饰面、木饰面线条与墙面、木饰面台面与墙面、木饰面造型转角与墙面造型转角。

注意事项：

①木饰面干挂工艺。

②墙纸与木饰面的拼接方式。

③木饰面线条转角加固。

④墙纸容易空鼓脱壳，面层不易平整，需要乳胶漆腻子找平，干透以后再粘贴墙纸。

十、陶瓷马赛克和混凝土相接的墙面构造与节点模型

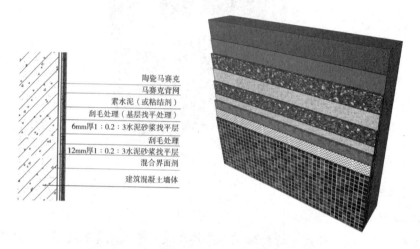

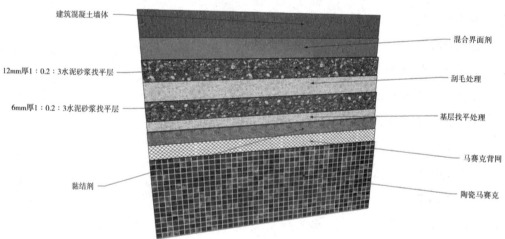

用料及分层做法：

①选用马赛克，表面平整、尺寸正确、边棱整齐。

②原建筑墙面刷混合界面剂。

③水泥砂浆找平处理要保证其平整度。

④刮毛处理保证黏结层的附着力。

⑤铺贴马赛克，完成施工。

⑥揭纸、调缝、擦缝。

适用部位：

马赛克墙面、马赛克台面、马赛克装饰线条。

注意事项：

①马赛克要垂直、方正。

②基层要处理平整。

③尺寸控制要精准。

十一、陶瓷马赛克和混凝土相接的墙面构造与节点模型（卫生间）

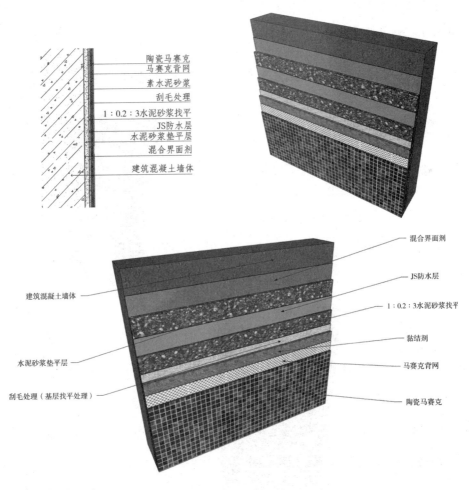

用料及分层做法：

①选用马赛克，表面平整、尺寸正确、边棱整齐。

②原建筑墙面刷混合界面剂。

③水泥砂浆找平处理要保证其平整度。

④做JS或聚氨酯防水层。

⑤刮毛处理保证黏结层的附着力。

⑥铺贴马赛克，完成施工。

⑦揭纸、调缝、擦缝。

适用部位：

马赛克墙面、马赛克台面、马赛克装饰线条。

注意事项：

①马赛克要垂直、方正。

②基层要处理平整。

③尺寸控制要精准。

十二、石材和混凝土相接的墙面构造与节点模型（卫生间挂贴）

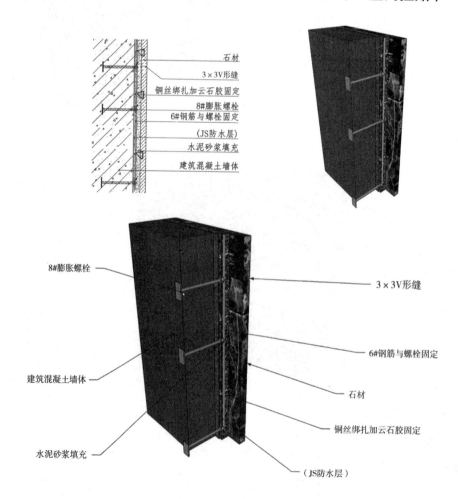

用料及分层做法：

①墙面做JS防水层。

②选用18mm厚石材，做六面防护、晶面处理。

③塑造石材造型，上下口做3mm倒角。

④石材安装前进行打眼，方便铜丝进行固定。

⑤钢筋与石材固定。

⑥土建墙体固定膨胀螺栓。

⑦钢筋与螺栓固定，钢筋制成网状。

⑧铜丝与钢筋网栓绑。

⑨石材与墙体之间填充水泥砂浆。

适用部位：

卫生间石材与墙面相接。

注意事项：

①石材背面做防碱处理。

②墙面做防水处理。

十三、石材和混凝土相接的柱体构造与节点模型

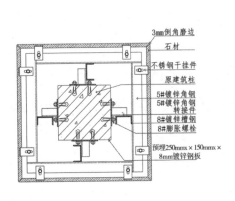

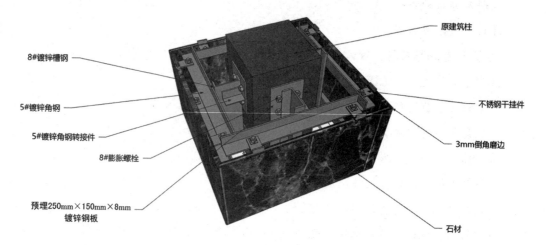

8#镀锌槽钢

5#镀锌角钢

5#镀锌角钢转接件

8#膨胀螺栓

预埋250mm×150mm×8mm
镀锌钢板

原建筑柱

不锈钢干挂件

3mm倒角磨边

石材

用料及分层做法：

①选用18mm厚石材，做六面防护、晶面处理。

②塑造石材造型，做3mm倒角磨边。

③混凝土柱体固定镀锌钢板，一般用8#膨胀螺栓固定。

④为满足结构造型需求，干挂件可采用满焊5#角钢转接件来调整完成面和墙柱体的间距。

⑤满焊8#镀锌槽钢竖向。

⑥满焊5#镀锌角钢横向龙骨。

⑦固定不锈钢干挂件。

⑧AB胶固定石材，完成安装。

⑨近色云石胶补缝，水抛晶面。

适用部位：

石材与混凝土墙体、石材与混凝土柱体、石材踢脚与混凝土墙体、石材套框与混凝土墙体。

注意事项：

①不大于4m高的柱体，采用8#槽钢。

②大于4m高的柱体，采用10#槽钢。

③5#角钢的安装间距根据石材排布的规格来定。

十四、玻璃窗户和墙面相接的构造与节点模型

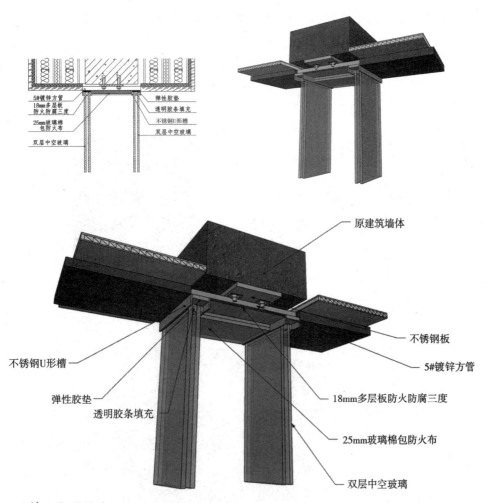

用料及分层做法：

①玻璃物料选样无划痕、无损伤。

②预埋好基础钢架件。

③U形槽的焊接安装。

④填充弹性胶垫。

⑤安装玻璃，透明胶条填充。

⑥收口处打胶3mm处理。

⑦清理、保护工作。

适用部位：

有隔音要求的玻璃窗户、玻璃隔断等。

注意事项：

①玻璃的选材和厚度。

②U形槽的深度要根据玻璃的不同高度及受力而定。

十五、木龙骨干挂木饰面（混凝土隔墙）构造与节点模型

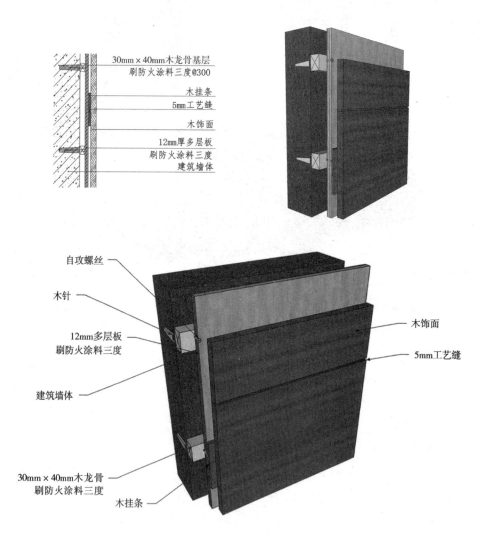

用料及分层做法：

① 30mm×40mm木龙骨间距300mm，刷防火涂料三度，用钢钉与木针固定，木针固定在混凝土墙体里。

②12mm厚多层板基层板找平处理，用钢钉与木龙骨固定，刷防火涂料三度。

③木挂条间距300mm，用枪钉与多层板固定，木挂条背面刷胶，刷防火涂料三度。

④木挂条背面刷胶与木饰面用枪钉固定。

⑤木饰面卡件安装，木饰面平整度调整。

适用部位：

混凝土隔墙。

十六、轻钢龙骨干挂木饰面（混凝土隔墙）构造与节点模型

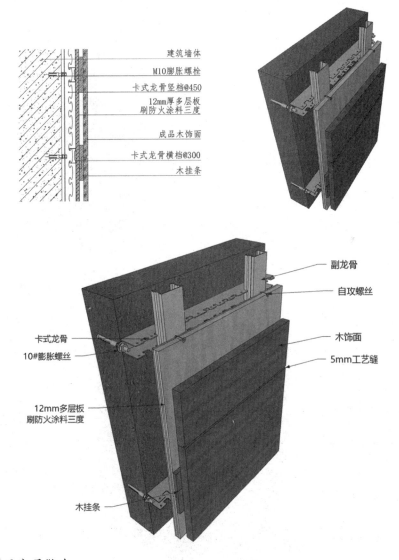

用料及分层做法：

①用膨胀螺栓与卡式龙骨固定在墙面上，安装U形轻钢龙骨与卡式龙骨卡槽链接固定间距300mm。

②用自攻螺丝固定12mm厚多层板基层与U形轻钢龙骨固定，基层刷防火涂料三度。

③用自攻螺丝固定木挂条与多层板基层。

④木饰面卡件安装，木饰面平整度调整。

适用部位：

混凝土隔墙。

十七、木龙骨干挂木饰面（轻钢龙骨隔墙）构造与节点模型

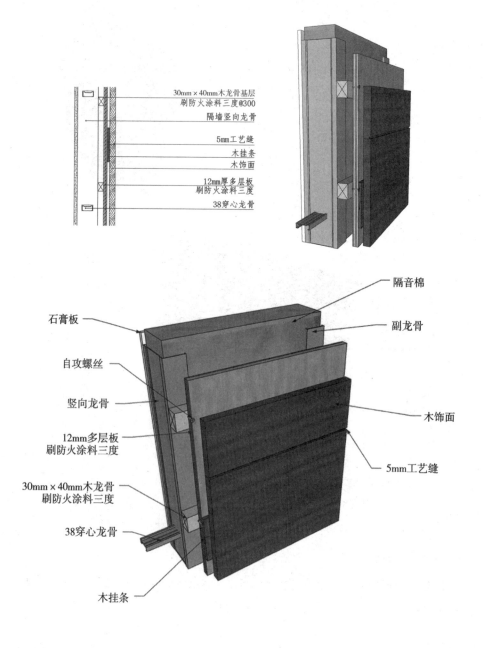

用料及分层做法：

①30mm×40mm木龙骨间距300mm，刷防火涂料三度，用自攻螺丝与隔墙龙骨固定。

②12mm厚多层板基层找平处理，用钢钉与木龙骨固定，刷防火涂料三度。

③木挂条间距300mm，用枪钉与多层板固定，木挂条背面刷胶，刷防火涂料三度。

④木挂条背面刷胶与木饰面用枪钉固定。

⑤木饰面卡件安装，木饰面平整度调整。

适用部位：

轻钢龙骨隔墙。

十八、轻钢龙骨干挂木饰面（轻钢龙骨隔墙）构造与节点模型

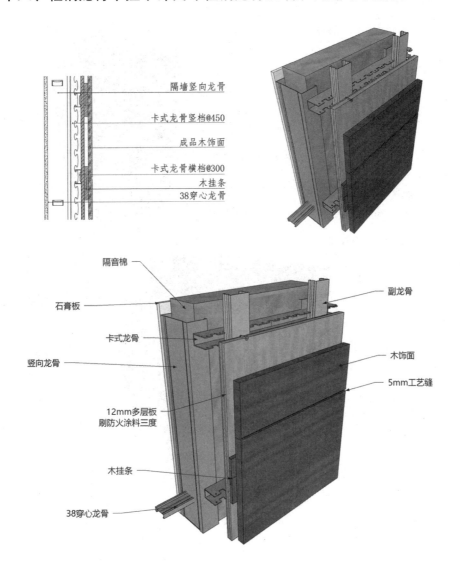

用料及分层做法：

①用铆钉把卡式龙骨固定在隔墙龙骨上、间距450mm，安装U形轻钢龙骨与卡式龙骨卡槽链接固定、间距300mm。

②用自攻螺丝固定12mm厚多层板基层与U形轻钢龙骨固定、刷防火涂料三度。

③用自攻螺丝固定木挂条与多层板基层。

④木饰面卡件安装，木饰面平整度调整。

适用部位：

轻钢龙骨隔墙。

十九、混凝土隔墙的软包做法构造与节点模型

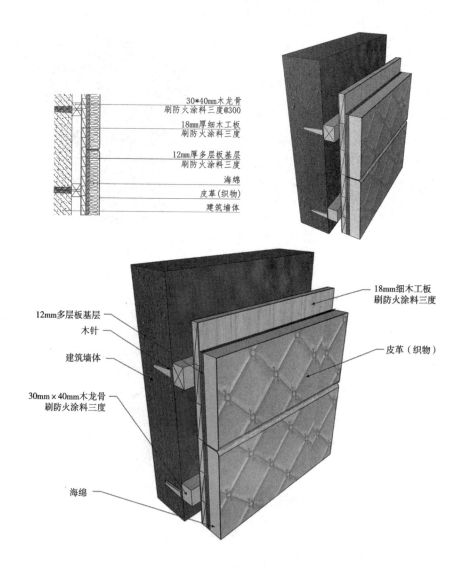

30*40mm木龙骨
刷防火涂料三度@300

18mm厚细木工板
刷防火涂料三度

12mm厚多层板基层
刷防火涂料三度

海绵

皮革（织物）

建筑墙体

12mm多层板基层

木针

建筑墙体

30mm×40mm木龙骨
刷防火涂料三度

海绵

18mm细木工板
刷防火涂料三度

皮革（织物）

用料及分层做法：

①木龙骨30mm×40mm间距300mm，刷防火涂料三度，木针固定在混凝土墙体内，用钢钉与木针固定。

②18mm厚细木工板基层找平处理，用钢钉与木龙骨固定，刷防火涂料三度。

③将制作好的软包件用枪钉固定在细木工板基层上。

适用部位：

混凝土隔墙。

二十、轻钢龙骨隔墙的软包做法构造与节点模型

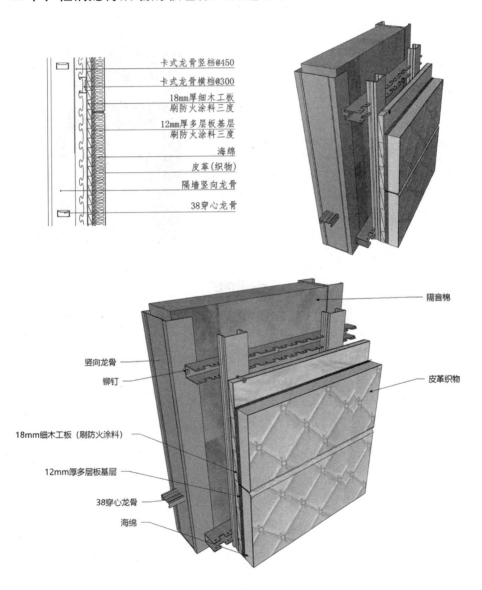

用料及分层做法：

①用铆钉把卡式龙骨固定于隔墙龙骨上间距450mm，安装U形轻钢龙骨与卡式龙骨卡槽链接固定间距300mm。

②18mm厚细木工板基层找平处理，用钢钉与木龙骨固定，刷防火涂料三度。

③将制作好的软包件用枪钉固定在细木工板基层上。

适用部位：

轻钢龙骨隔墙。

二十一、混凝土隔墙乳胶漆类做法构造与节点模型

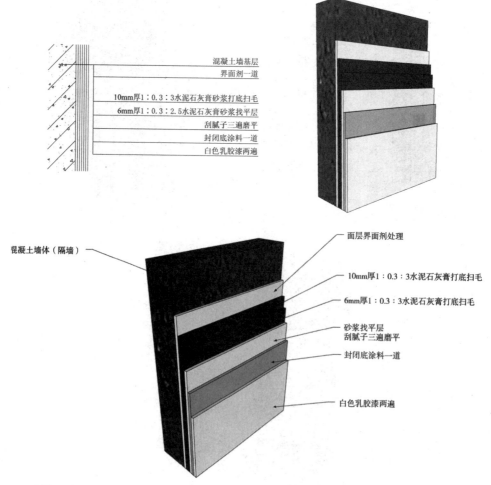

用料及分层做法：

①混凝土隔墙表面清除干净，墙面滚涂界面剂一遍，素水泥浆一道内掺水重

3%～5%的108胶。

②10mm厚1：0.3：3水泥石灰膏砂浆打底扫毛。

③6mm厚1：0.3：2.5水泥石灰膏砂浆找平层。

④满刮三遍腻子。

⑤封闭底涂料一道，待干燥后找平、修补、打磨。

⑥最后一道涂料滚刷要均匀，滚涂要循序渐进，最好采用喷涂。

适用部位：

混凝土隔墙。

二十二、轻钢龙骨隔墙乳胶漆类做法构造与节点模型

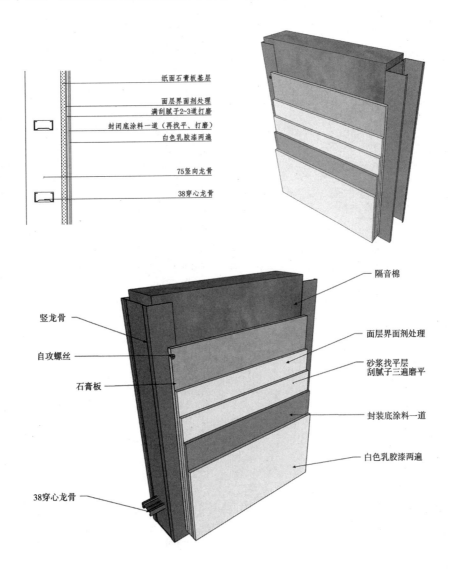

用料及分层做法：

①板与板接缝留1mm，两边各倒边2mm，合拼V形5mm缝。

②腻子补缝第一遍干透后再找平。

③盯眼螺丝平头应嵌入1mm，用防锈腻子补平。

④先做阴角后批腻子两遍，第一遍垫平，第二遍找平。

适用部位：

轻钢龙骨隔墙。

第三章 楼地面装饰装修与构造节点

第一节 楼地面的基本知识

一、楼地面的功能

楼地面是指建筑物底层地面和各个楼层的地面总称。为满足使用需求和美观要求，楼地面需要具备足够的强度、防磨耐磕能力，表面平整光滑易于清洁。首层地面需要具备一定的防潮能力，而楼层地面则需要保证防漏能力。对于高标准的建筑物，还需要考虑各种使用需求。

①隔音要求可以分为隔绝空气声和隔绝撞击声两个方面。隔绝空气声的效果与楼地面的质量密切相关，质量越高，隔音效果越好。而对于隔绝撞击声，则弹性地面的效果较好。

②吸音要求对于控制室内噪声的控制非常重要。通常情况下，硬质楼地面的吸音效果较差，而各种软质楼地面则可以具有很好的吸音效果。比如，化纤地毯的平均吸音系数可以达到55%，可以很好地降低室内噪声。

③保温性能是楼地面设计中需要考虑的一个重要因素。一般来说，石材楼地面的热传导性比较高，而木地板等材料的热传导性较低。因此，在选择楼地面材料时，需要考虑到不仅仅是导热性能，还需要考虑人的感受等综合因素。

④在楼地面设计中，弹性要求也是需要考虑的一个重要因素。弹性地面可以缓冲地面反力，让人感到更加舒适。一般来说，标准比较高的建筑会采用弹性地面，以提高整体装饰效果。楼地面的装饰效果对于室内装饰效果的整体感受非常重要，需要综合考虑室内装饰的布局和要求，以选择合适的楼地面材料，达到更好的装饰效果和舒适性。

二、楼地面的组成

楼地面的构造通常包括面层、垫层和基层等部分。地面的基层通常由土构成。为了确保填土的质量，应该采用经过筛分的合格填料分层填筑，不进行夯实。填土中的土块粒径应不大于50mm。每层填土应该虚铺厚度达到设计要求，机械压实厚度应该不大于300mm，人工夯实厚度应该不大于200mm。在填土过程中，回填土的含水量应该控制在最佳含水量范围内。如果土太干，应该进行洒水湿润处理；如果土太湿，应该晾晒处理后再使用。每层填土夯实后，干密度应符合设计要求。

楼面的基层通常是楼板。在进行垫层施工之前，必须完成板缝的灌浆和堵塞工作，并对楼板表面进行清理。基层施工必须按照标准进行抄平和弹线，以确保表面平整和高度一致。通常会在室内四周墙壁上弹出距离地面500mm高度的标高线，作为统一的控制线，以确保施工的一致性和准确性。

垫层可分为刚性垫层、半刚性垫层和柔性垫层。刚性垫层由各种低强度等级混凝土构成，如水泥混凝土、碎砖混凝土、水泥矿渣混凝土和水泥灰炉渣混凝土。其厚度一般为70~100mm，混凝土强度等级不应低于C10，粗骨料的粒径不应超过50mm。施工方法类似于一般混凝土的施工方法，过程包括清理基层、检测弹线、湿润基层、浇筑混凝土垫层和养护。

半刚性垫层包括多种类型，如灰土垫层、碎砖三合土垫层和石灰炉渣垫层等。其中，灰土垫层由黏土和熟石灰按3：7的比例混合而成，铺设时要分层铺筑，并在每一层夯实拍紧，等待其晾干后再进行面层施工；碎砖三合土垫层则由石灰、碎砖和砂按一定比例混合而成，铺设时应该平整夯实，并在硬化期间避免被水浸湿；石灰炉渣垫层则由石灰和炉渣按比例混合而成，炉渣粒径应不大于40mm，且不得超过垫层厚度的一半。此外，粒径小于5mm的炉渣部分不得超过总体积的40%，施工前要充分浸湿，严格控制加水量，并分层铺筑，确保垫层表面平整。

柔性垫层是由散状材料如土、砂石和炉渣等经过压实形成的垫层。砂垫层的厚度应不少于60mm，经过适当的浇水后，用平板振动器振动夯实，使其达到所需的密实度。砂石垫层的厚度应不小于100mm，要求粗细颗粒均匀混合，摊铺均匀后，浇水使其表面湿润，然后进行碾压或夯实，至少进行三遍，直到垫层不再松动为止。无论是哪种基层和垫层，都必须具备一定的强度和平整度，以确保面层的施工质量。

三、楼地面面层的分类

地面可以按照面层结构的不同分为三种类型：整体式地面、块材地面和涂布地面。

整体式地面是指以单一材料或混合多种材料为基础，铺设成一整块的地面结构。这些材料包括灰土、菱苦土、水泥砂浆、混凝土、现浇水磨石和三合土等。

块材地面一般由缸砖、釉面砖、陶瓷锦砖、水磨石块、大理石板材、花岗岩板材、硬质纤维板等材料铺装而成。

涂布地面指在地面上使用各种涂料、涂层或者胶水等材料进行表面涂覆，从而形成一种均匀、平整、耐磨、美观的表面。常用的涂料包括水性漆、油漆、环氧树脂漆、聚氨酯漆等；常用的涂层包括环氧砂浆、瓷砖胶、石英砂、耐磨地坪等；常用的胶水包括乳胶胶水、热熔胶水、双组份胶水等。

四、楼地面装饰的一般要求

①楼地面的各层材料和制品的选择，包括种类、规格、配合比、强度等级、厚度以及连接方式等，都必须遵循设计要求，并符合国家和行业现行标准以及地面和楼面施工验收规范的相关规定。

②在沟槽、暗管等工程完工并经过合格检查后，才能进行位于其上方的地面和楼面装饰工程。

③在进行各层地面与楼面工程的铺设时，必须在下一层经过符合规范的相关规定的检查后才能进行。同时，在进行施工时必须记录隐蔽工程的验收情况。

④各种楼地面的面层铺设工作通常要在其他室内装饰工程基本完工后进行。如果要铺设菱苦土、木地板、拼花木地板或涂料类面层，就必须等待基层完全干燥后再进行施工。在潮湿的气候条件下，不适宜进行铺设工作。

⑤踢脚板的安装，则通常会在楼地面面层基本完工、墙面最后一遍抹灰之前进行。如果使用木质踢脚板，则需要在木地面与楼面刨光后再进行安装。

⑥如果在同一个房间中使用混凝土、水泥砂浆或水磨石面层，需要进行均匀的分格或按照设计要求进行分缝。

⑦当需要在钢筋混凝土板上铺设有坡度的地面或楼面时，必须使用垫层或找平层来调整地面高度，以达到所需的坡度。

⑧在铺设沥青混凝土面层或沥青玛蹄脂作为结合层铺设块料面层时，需要先清扫下一层表面，确保表面干净无尘，并使用同类冷底子油进行涂刷。在进行结合层、块料面层的填缝和防水层时，需要使用同类沥青、纤维和填充材料进行配制。一般采用6级石棉和锯木屑作为纤维和填充材料。

⑨在铺砌地面时使用水泥砂浆作为结合层后，需要在常温下进行养护，一般时间不少于10天。菱苦土面层的抗压强度应达到设计强度的70%以上，而水泥砂浆和混凝土面层的强度应达到不低于5.0MPa。当水泥砂浆结合层的强度达到1.2MPa时，方可进行

轻微动作的作业或行走。但必须等到完全达到设计强度后，才能投入正式使用。

⑩在使用胶黏剂粘贴各种地板时，室内的施工温度要不低于10℃。

第二节　整体地面的施工

整体地面是一种广泛应用的地面，包括混凝土地面、水泥砂浆地面、现浇水磨石地面等。它们的基层和垫层的做法通常与传统的土建工程相同，唯一的不同在于面层所使用的材料和施工方法。在大多数工程中，基层和垫层通常在土建工程中完成，只需要进行面层的施工即可。水泥砂浆地面和现浇水磨石地面是目前应用较为广泛的整体地面类型。

一、水泥砂浆地面施工

水泥砂浆地面的面层是由水泥作为胶凝材料，砂作为骨料，按照一定的比例进行配制，并经过抹压而制成的。其构造及做法如图3-2-1所示。水泥砂浆地面具有造价低廉、施工简单、使用寿命长等优点，但也容易出现起灰、起砂、裂缝、空鼓等问题。

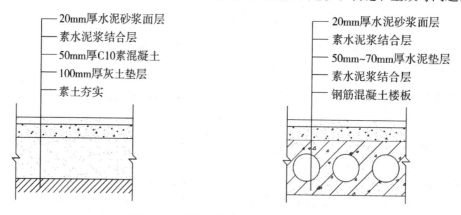

左侧标注：
— 20mm厚水泥砂浆面层
— 素水泥浆结合层
— 50mm厚C10素混凝土
— 100mm厚灰土垫层
— 素土夯实

右侧标注：
— 20mm厚水泥砂浆面层
— 素水泥浆结合层
— 50mm~70mm厚水泥垫层
— 素水泥浆结合层
— 钢筋混凝土楼板

图3-2-1　水泥砂浆楼地面组成示意图

（一）对组成材料的要求

1. 胶凝材料

水泥砂浆地面采用的主要胶凝材料是水泥，首选硅酸盐水泥和普通硅酸盐水泥，其强度等级一般不低于32.5MPa。相比其他品种的水泥，这些水泥具有早期强度高、水化热高、干缩性小等优点。如果使用矿渣硅酸盐水泥，则必须选择强度等级大于32.5MPa的产品，并严格按照施工工艺进行操作，同时要进行加强养护，以确保工程质量。

2. 细骨料

水泥砂浆地面面层所用的细骨料一般为砂，常选用中砂和粗砂作为材料，其含泥量应不大于3%。选用粒径过小的细砂制作砂浆时，其强度往往低于中砂和粗砂制作的砂浆，同时也容易出现耐磨性差、干缩性大等问题，还可能导致出现收缩裂缝等质量隐患。因此，在选择细骨料时，需要根据实际情况进行综合考虑，以确保砂浆的质量和性能。

（二）水泥砂浆地面的施工工艺

水泥砂浆地面的施工过程通常包括以下步骤：基层清理→找平→打弹线、找规矩→涂布结合剂→浇筑水泥砂浆→抹平、压实→养护。

1. 基层处理

为避免水泥砂浆地面面层出现质量问题，基层处理是至关重要的环节。基层处理要求基层表面洁净、粗糙、潮湿，清除一切杂质和浮灰，确保面层与基层结合紧密。对于表面光滑的基层，需要进行凿毛并冲洗干净。当水泥砂浆地面面层铺设在现浇混凝土或水混砂浆垫层、找平层上时，必须确保基层的抗压强度达到1.2MPa，以保证面层内部结构不会被破坏。

2. 弹线、找规矩

（1）弹基准线

在进行水泥砂浆地面面层的抹灰前，必须先在周围的墙壁上标出一个水平的基准线，以此来确定地面面层的标高。具体方法是以地面的±0.00为依据，在周围的墙壁上弹出0.5m或1m长度的水平基准线。然后，根据这条水平基准线测量地面的高低差，并将其标出在墙壁上，作为地面面层上皮的水平基准。

（2）做标筋

在水泥砂浆地面施工过程中，为了控制面层标高，需要在墙角处用1：2水泥砂浆制作标志块，大小一般为8～10cm见方，每隔1.5～2.0m沿墙均匀摆放。等标志块结硬后，以标志块高度为基准，在地面上做出纵横方向通长的标筋。地面标筋的宽度一般为8～10cm，也采用1：2水泥砂浆制作。在制作标筋时，还需要注意控制面层标高与门框的锯口线相吻合。

（3）找坡度

为了确保厨房、浴室、厕所等房间的地面排水畅通，需要进行找坡处理。对于有地漏的房间，还需要在地漏周围建造不小于5%的泛水坡度，以避免地面倒流或水积聚。此外，还需要注意各房间内部地面高度与走道高度之间的关系，在找平过程中加以调整。

（4）校核找正

在地面铺设之前，需要再次检查和校正门框的位置。首先要将门框的锯口线抹平并确保其垂直水平，同时要留意门扇与地面的间隙是否符合规范要求。完成校正后，再将门框固定好，以避免在铺设面层时发生松动或位移的情况。

3. 水泥砂浆抹面

在铺设地面水泥砂浆面层前，必须按照设计要求配合比，一般要求水泥与砂的比例不低于1∶2，水灰比为1∶（0.3～0.4），稠度不超过3.5cm。混合时要确保混合均匀，以及颜色一致。在铺抹面层前，需要先将基层浇水湿润，第二天刷上一层素水泥浆结合层，然后立即进行面层铺抹。如果素水泥浆结合层提前刷涂，则不能充分发挥与基层和面层的黏结作用，反而会导致地面出现空鼓现象。因此，必须随刷随抹，按照正确的施工顺序进行操作。

地面面层的铺设过程分为多个步骤。首先在标筋之间铺设砂浆，并用木抹子拍实。然后用短木杠对齐标筋高度进行刮平，注意要从室内往门口的方向刮平，符合门框锯口线的标高。接着用木抹子进行搓平，然后用铁皮抹子做一道压光工序。压光时力道要轻，以避免在表面留下水纹。如果面层上还有多余的水分，可以适当撒一层干水泥或干拌水泥砂浆来吸收。当水泥砂浆初凝时，开始用铁皮抹子压第二遍，以确保面层质量。一定要压实、压光，并把砂眼和脚印等全部压平，确保表面平整光滑。待水泥砂浆达到终凝前，再用铁皮抹子压第三遍。抹压时要稍微用力大一些，将第二遍留下来的抹子纹理、毛细孔等压平、压实、压光。压光过早或过迟都会影响地面质量，因此每遍抹压的时间都要掌握适当，以确保工程质量。总体来说，地面面层的铺设过程需要仔细认真，以确保铺设出质量高、平整光滑的地面。

4. 养护

完成地面面层的抹压后，需要进行养护以促进其硬化。养护方法为铺盖草垫或锯木屑，并定时进行洒水以保持湿润状态。养护时需注意时机，过早洒水可能导致起皮，而过晚洒水则可能导致起砂或开裂。通常情况下，在夏季地面面层完成24h后开始养护，而在春秋季节需等待48h后开始养护。若使用硅酸盐水泥或普通硅酸盐水泥，养护时间需至少7天；而使用矿渣硅酸盐水泥，则需要至少14天的养护时间。只有在面层强度达到大于等5MPa后，才可安全地进行行走和其他作业。

二、现浇水磨石地面施工

现浇水磨石地面是一种坚固耐用、美观光亮的地面铺装方式。它的施工过程包括在水泥砂浆垫层上弹线分格，安装分格条，然后涂抹水泥石子浆，等待其硬化后使用磨石机将表面的石渣磨平，再进行补浆、细磨和打蜡等工序，最终形成光洁、色彩鲜艳的水磨石地面。现浇水磨石的构造组成，如图3-2-2所示。

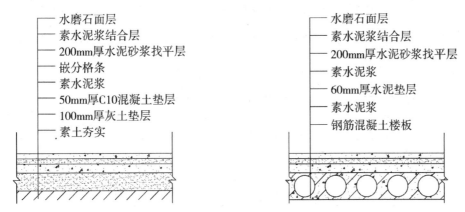

图3-2-2　现浇水磨石地面的组成示意图

现浇水磨石地面是一种高档、高质、高耐磨的地面饰面材料，具有平整度高、光洁度好、颜色丰富、防尘、易于清洁等优点。但施工周期长，工序繁琐，需要现场混凝土浇筑、石子铺贴、抛光、养护等一系列复杂的工艺过程。施工过程中需要使用手推式磨石机等多种专业施工机具，对施工人员的技能和经验要求较高。

（一）对其组成材料的要求

1. 胶凝材料

现浇水磨石地面需要使用与水泥砂浆地面不同的水泥。如果水磨石面层是白色或浅色的，就需要使用白色硅酸盐水泥；而深色的水磨石地面则需要使用硅酸盐水泥和普通硅酸盐水泥。无论使用哪种水泥，其强度都必须不小于32.5MPa。水泥在未过期的情况下受潮了，可以根据其状态考虑使用。如果用手捏起来没有硬块，颜色也比较鲜艳，那么可以考虑降低其强度5%后使用。如果肉眼观察到水泥中存在小球状的颗粒，但仍然可以散成粉末，也可以考虑降低其强度15%后使用。但如果水泥中存在明显结成硬块的部分，那么就不能再使用了。

2. 石粒材料

为了确保水磨石表面的质量，选择水磨石石粒时应该考虑质地坚硬、耐磨度高、干净无杂质的石材，如大理石、白云石、方解石、花岗岩、玄武岩、辉绿岩等。同时，应避免选用含有风化颗粒、草屑、泥块、砂粒等杂质的石料，以确保水磨石表面的质量和美观。石粒的最大粒径最好比水磨石的面层厚度小1~2mm，见表3-2-1所示。

表3-2-1　石粒粒径要求

水磨石面层厚度/mm	10	15	20	25
石子最大粒径/mm	9	14	18	23

工程实践证明：普通水磨石地面适合采用4～12mm的石粒，而粒径石子彩色水磨石地面适合采用3～7mm、10～15mm、20～40mm三种规格的组合。现浇彩色水磨石参考配比，见表3-2-2所示。

表3-2-2　彩色水磨石参考配比

彩色水磨石名称	主要材料/kg			颜料占水泥质量分数/%	
赭色水磨石	紫红石子	黑石子	白水泥	红色	黑色
	160	40	100	2	4
绿色水磨石	绿石子	黑石子	白水泥	绿色	
	160	40	100	0.5	
浅粉红色水磨石	红石子	白石子	白水泥	红色	黄色
	140	60	100	适量	适量
浅黄绿色水磨石	绿石子	黄石子	白水泥	黄色	绿色
	100	100	100	4	1.5
浅橘黄色水磨石	黄石子	白石子	白水泥	黄色	红色
	140	60	100	2	适量
木色水磨石	白石子	黄石子	425水泥	—	
	60	140	100	—	
白色水磨石	白石子	黑石子	黄石子	白水泥	
	140	40	20	100	

为了确保水磨石的压平效果和密实度，选择石粒时应考虑粒径适中，不宜过大。此外，不同品种、规格和颜色的石粒应分别存放，并避免混杂，以便在使用时按照适当比例进行配合。这样可以确保水磨石表面的质量和美观，避免出现石粒之间挤压不密实等问题。

3. 颜料材料

在水磨石表面层中，虽然使用的颜料量很少，但对于表面层的质量和装饰效果来说，其作用十分重要。因此，在选择颜料时，应该选用耐碱、耐光、耐潮湿的矿物颜料，且颜料应呈粉末状，不能有结块。同时，掺入颜料的量应根据设计要求并经过样板测试确定，一般不超过水泥质量的12%。此外，使用颜料不应降低水泥的强度。通过这些措施，可以保证水磨石表面层的质量和装饰效果。

4. 分格条

分格条也被称为嵌条，通常采用黄铜条、铝条和玻璃条三种材料制成，此外也有不锈钢和硬质聚氯乙烯制品可供选择。这些分格条可以用于区分水磨石表面的不同颜色或花纹，同时也可以起到装饰效果。黄铜条、铝条和玻璃条是常用的材料，具有美观、耐用的特点，而不锈钢和硬质聚氯乙烯制品则具有耐腐蚀、防水、防霉等优点。

5. 其他材料

①草酸是无色透明晶体，有块状和粉末状两种，它是水磨石地面面层的抛光材料。草酸是一种有毒的化工原料，不能接触食物并对皮肤有一定的腐蚀性，在其施工过程中要注意劳动保护。

②氧化铝呈白色粉末状，不溶于水，与草酸混合，用于水磨石地面面层抛光。

③地板蜡有成品出售，也可以根据需求自行调配蜡液，操作过程中要注意防火措施。地板蜡用做水磨石地面面层在磨光后做保护层。

（二）现浇水磨石的施工工艺

一般来说，水磨石表面层的施工通常在完成顶棚和墙柱面的抹灰之后进行。也可以在水磨石磨光两遍后，进行顶棚和墙柱面的抹灰工作，然后再进行水磨石表面层的细磨和打蜡。但是，在水磨石表面层成品施工之前，需要采取有效的保护措施，以保护水磨石半成品的表面免受损坏和污染。

水磨石面层的施工流程为：基层处理→抹灰找平→弹线、嵌分格条→铺抹面层石粒浆→养护→磨光→涂草酸→抛光上蜡。

1. 基层处理

在进行施工前，需要将混凝土基层上的浮灰、污物等杂物进行彻底清理。这样可以保证基层平整、干净，为后续的施工工作创造良好的条件。

2. 抹灰找平

在进行水磨石地面的施工前，需要对地漏或管道等处进行临时堵塞，以避免灰浆流失。在这之后，要先刷上一层素水泥浆，然后进行灰饼和标筋的制作。灰饼和标筋养护完毕后，可以进行抹底灰和中层灰的施工。使用木抹子搓实、压平，至少进行两遍以保证表面平整。找平层施工后，需要进行洒水养护，通常需要养护24h。

3. 弹线、嵌分格条

首先在找平层上根据设计要求绘制纵横垂直水平线或图案分格墨线，然后按照这些墨线的位置固定铜条或玻璃嵌条，并将这些嵌条压实以作为铺设面层的标志。在水磨石的分格条嵌固工序中，需要特别注意水泥浆的黏嵌高度和角度。分格条的黏嵌高度要略高于分格条高度的1/2，而水泥浆的斜面与地面的夹角应保持在30°左右。这样在铺设面层时，石粒就能够靠近分格条，磨光后分格条两侧的石粒就会显得密集均匀、清晰，从而获得优美的装饰效果。

在进行分格条交接处的黏嵌水泥浆时，需要确保各个分格条之间留有2~3mm的空隙。分格条之间的间距应该按照设计要求来设置，通常不应超过1m。如果间距太大，当砂浆收缩时就会产生裂缝。实际情况中，间距一般以90cm左右为标准。完成分格条的黏嵌后，需要进行24h的养护，并在此期间经常进行洒水。

4. 铺设面层

分格条黏嵌后，需要清除积水浮砂，然后刷上一道素水泥浆，并边刷边铺设水泥石粒浆。在调配水泥石粒浆时，需要先将水泥和颜料干拌均匀，然后过筛并装袋备用。在进行铺设之前，需要将石料加入彩色水泥粉中，然后干拌两到三遍后再加水湿拌。一般情况下，水泥石粒浆的稠度应该为60cm左右，施工配合比为1:（1.5~2.0）。同时，在备好施工配合比的材料中取出1/5的石粒，用作撒石备用。然后，按照分格条的顺序将拌和均匀的石粒浆进行铺设，其厚度要高于分格条以防止在滚压时压弯铜条或压碎玻璃条。

铺设时先用木抹子将分格条两边约10cm内的水泥石粒浆拍实压紧，避免分格条被撞坏。水泥石粒浆铺设后，要在表面均匀地撒一层预先取出的1/5的石粒，用木抹子拍实压平，但是不能用刮尺进行刮平以免将面层高凸部分的石粒刮出，从而影响装饰效果。如果局部铺设太厚要用铁抹子挖去，再将周围的水泥石粒浆拍实压平。铺设时要做到面层平整，石粒分布均匀。在同一个平面上的水磨石存在几种不同的颜色时，要先做深色后做浅色，先做细节后做大块面，铺设过程中要等前一种色浆完全凝固后再铺设另一种色浆。两种颜色的色浆不可以同时铺设，避免出现串色或分色界限不清晰而影响工程质量。多色水磨石分色铺设的间隔时间不宜过长，一般隔日即可，过程中要注意在抹拍及滚压的过程中不能触动前一种已铺设好的石粒浆。在实施过程中，操作员要穿平根软底的鞋进行操作，以防止踩踏留下较深的脚印。石粒浆铺设好后要用辊筒或钢管进行压实，具体实施为先用较大的辊筒压实，纵横方向各滚压一次，发现缺石粒的部分要及时进行填补整平。间隔2h左右，再用较小的辊筒进行第二次压实，直至压出水泥浆为止，再用抹子进行抹平，次日进行养护操作。

另一种常用的水磨石面层铺设方法是干撒滚压施工。具体做法是，在分格条嵌固后，先刷一道素水泥浆，然后进行二次找平，使用1∶3水泥砂浆进行找平，等待砂浆终凝后就可以抹彩色水泥浆。在彩色水泥浆上撒上彩色石料，并用刮尺将其均匀刮平。接下来使用辊筒对水泥浆进行纵横反复滚压，直到石料被压平、压实。在施工过程中，需要在底浆返上60%～80%时再次浇上一层彩色水泥浆，用水壶匀速浇水，边浇边压，直到上下层水泥浆结合。最后，使用抹子对水磨石面层进行一遍压实，并在次日进行洒水养护。

5. 面层磨光

水磨石地面的面层磨光环节是评价水磨石地面质量好坏的重要因素之一。在进行磨光时，需要确保石粒不松动为准，以保证表面平整度和美观度。对于大面积施工，通常采用磨石机进行磨光，而对于小面积和边角处施工，则可选择小型湿式磨光机进行处理。在某些情况下，例如工程体量较小或施工环境无法使用机械时，也可以采用手工研磨的方式进行磨光处理。在正式开磨之前要有试磨环节，试磨成功后才能进行大面积研磨，通常开磨的时间见表3-2-3所示。

表3-2-3　现浇水磨石地面的开磨时间

平均温度/℃	开磨时间/d	
	机磨	人工磨
20～30	2～3	1～2
10～20	3～4	1.5～2.5
5～10	5～6	2～3

在研磨过程中要确保磨盘下经常有水并及时清除磨出的石浆。开磨时间不易过晚，否则面层过硬难磨，影响工效。通常情况下采用"二浆三磨"法，即面层磨光过程为补浆二次、磨光三次。第一遍采用60～80号粗磨石磨光，要磨匀磨平并使分格条外露，磨后要将泥浆冲洗干净，等稍干后涂擦一道同色水泥浆用以填补砂眼，同时将个别掉落的石粒补好，不同颜色应先涂补深色浆，后涂补浅色浆，并进行养护4～7天。第二遍用120～180号细磨石磨光，操作方法与第一遍相同，主要是磨去凹痕，磨光后再补一道色浆。第三遍用180～240号油磨石磨光，磨至表面石粒均匀显露、平整光滑、无砂眼细孔为止，然后用清水冲洗、晾干。

6. 抛光上蜡

在对水磨石地面进行抛光上蜡前，需要先涂抹草酸溶液，并使用280～320号油磨石进行打磨，直至表面出现白浆并变得光滑为止。随后，将地面用水冲洗干净并晾干。

另一种方法是先冲洗干净地面，然后浇上草酸溶液，并使用磨石机进行打磨，直至表面变得光滑。完成以上工序后，可以开始上蜡，具体步骤是在水磨石面层上涂上薄蜡，稍等片刻后，使用磨光机进行研磨，直至地面变得光滑亮洁。最后，可以在地面上铺上锯末进行养护。

第三节　块料地面铺贴施工

块料地面是指将大理石板、花岗岩板、预制水磨石板、陶瓷锦砖、地砖等各种装饰板材铺贴在楼地面上的一种装饰方式。铺贴材料花色品种繁多，可以根据装饰要求选择不同的材质和颜色，以达到满足不同需求的效果。

一、块料材料的种类与要求

（一）大理石与花岗岩板材

大理石和花岗岩板材是高档装饰材料的代表，具有精美的外观和优良的性能。在选择这些材料时，需要考虑到其品种规格、外形尺寸、平整度、外观纹理等多个方面，以确保其符合设计要求。此外，还需要注意大理石和花岗岩板材的放射性物质含量，确保符合国家标准的要求。

（二）陶瓷锦砖与地砖

陶瓷锦砖和地砖是通过高温烧制而成的块材料，具有表面致密、耐磨、不易变色等优点。在选择这些材料时，需要考虑其规格、颜色、拼花图案、面积大小以及施工技术要求是否符合国家相关标准，以确保其质量。此外，还需要根据设计要求选择合适的陶瓷锦砖和地砖，以满足装饰效果的要求。

（三）混凝土块与水泥砖

混凝土块和水泥砖是普通的地面装饰材料，采用混凝土压制而成。为了确保装饰效果符合设计要求，需要根据设计要求确定它们的颜色、尺寸和表面形状。其成品要求边角方正，无裂纹、无缺角，以保证其外观美观、质量优良。

（四）预制水磨石板

预制水磨石板是一种经过选配制坯、养护、磨光、打蜡等工序制成的地面装饰材料。它由水泥、石粒、颜料、砂等材料制成，具有品种多样、色泽丰富、价格低廉等特点，能够满足不同的装饰需求。为了确保预制水磨石板的质量和外观符合设计规定，需要按照标准进行生产，确保成品质量标准及外观要求符合设计需求。

二、天然大理石与花岗岩地面铺贴施工

（一）施工准备工作

通常情况下，大理石和花岗岩板材的楼地面铺设工作是在顶棚和墙面饰面施工完成之后进行的，为了避免二次污染，先进行地面铺设，再进行踢脚板安装。在施工前，必须对现场进行清理，检查施工区域是否有水、电、暖气等基础设施的预埋件，以确保不会影响板块的铺贴。此外，要检查板块材料的规格、尺寸和外观质量，将存在歪斜、翘曲、厚薄不均等缺陷的材料剔除，而在同一楼层地面工程中，应使用同一厂家、同一批号的产品。不同品种的板材材料不应混用，以确保施工质量的一致性。

1.基层处理

在铺设板块地面之前，必须对楼地面进行平整度检查并进行标线。清扫基层时应注意清除灰尘和杂物，然后用清水清洗干净。如果是光滑平面的钢筋混凝土楼面，则需要进行凿毛处理，凿毛深度应控制在5～10mm之间，凿毛间距约为30mm。基层表面要在铺贴前一天浇水，使其充分湿润。

2.找规矩

根据设计要求，确定平面标高位置。对于结合层的厚度，水泥砂浆结合层要控制在10～15mm，沥青玛蹄脂结合层要控制在2～5mm。平面标高确定之后，在相应的立面墙体上进行弹线。

3.初步试拼

根据标准线确定铺贴顺序和标准块的位置。在选定的位置上，按图案、色泽和纹理进行初步试拼。试拼后按两边方向编号排列，然后按照编号码放整齐。

4.铺前试排

在施工前，先在空间的两个垂直方向上按标准线铺设两条干砂，宽度应大于板块的大小。接着，按照设计要求摆放板块，以便检查板块之间的缝隙。对于大理石和花岗岩板材，板块之间的间隙通常不超过1mm，除非设计要求另外。根据试验排列的结果，在空间主要部位弹出相互垂直的控制线，并将其延伸至墙面底部，以用于检查和控制板块的位置。

（二）铺贴的施工工艺

大理石与花岗岩板材楼地面的铺贴工艺及构造做法基本相同，如图3-3-1所示。

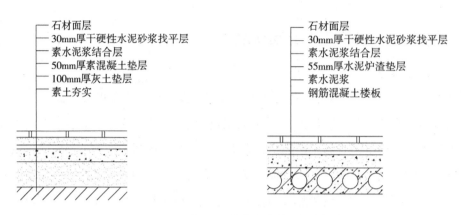

石材面层
30mm厚干硬性水泥砂浆找平层
素水泥浆结合层
50mm厚素混凝土垫层
100mm厚灰土垫层
素土夯实

石材面层
30mm厚干硬性水泥砂浆找平层
素水泥浆结合层
55mm厚水泥炉渣垫层
素水泥浆
钢筋混凝土楼板

图3-3-1　大理石/花岗岩楼地面构造做法

1. 板块浸水预湿

在铺设板块之前，需要将其浸泡在水中，让其完全湿润。然后，将板块晾干并清除背面的浮灰后，才能开始铺贴。这样可以确保面层和板材的黏结牢固，有效防止出现空鼓和起壳等质量问题。

2. 铺砂浆结合层

水泥砂浆结合层也是基层的找平层，为确保铺贴工程的质量，其稠度需要严格控制。结合层通常采用干硬的水泥砂浆，为保证其平整度，在摊铺结合层之前需要在基层上刷上一层水泥浆，然后再将水泥砂浆摊铺在其上。铺贴板块试验合格后，还需要在干硬的水泥砂浆上再涂一层较薄的水泥浆，以保证上下层之间的结合牢固性。

3. 进行正式铺贴

在石材楼地面铺贴时，通常会从空间中央开始，向两侧逐步铺贴。如果房间内有柱子，则需要先铺设柱子和柱子之间的部分，然后再向两侧铺设。在铺贴之前，需要将砂浆铺设在基层上，并将板块放置在指定位置上，调整好纵横缝，并用橡皮锤轻轻敲打板块，使其与砂浆紧密结合，直至达到铺贴标高为止。接下来，将板块移开，再次检查砂浆结合层的平整度和紧密度，并及时修补任何缺陷。最后，均匀地浇上一层较薄的水泥浆，正式铺贴板块，再用橡胶锤轻轻敲击，使其表面平整。

4. 对缝及镶条

铺贴石材地面时，首先需要将板块四角同时平稳下落，对缝轻敲振实，并使用水平尺进行找平，对缝需要根据预先拉出的对缝控制线进行。板块尺寸偏差必须控制在1mm以内，不能敲击板块的边角或已经铺贴好的板块，以避免出现空鼓等施工质量问题。如果需要镶嵌铜条，板块的尺寸要求更为精确。在铺贴板块之后，需要先将相邻的两块板材铺贴平整，对接缝隙略小于镶嵌条的厚度，然后向缝隙内灌入水泥砂浆，灌满后将表面抹平，再将镶嵌条嵌入，使其外部露出部分略高于地面。

5. 水泥浆灌缝

对于不使用镶嵌条的大理石或花岗岩地面，在铺贴完后24h后需要进行养护，通常要等到2天后没有出现板块裂缝或空鼓的情况下，才能开始进行灌缝。灌缝时，应该将素水泥灌入板缝的2/3高度，同时清理掉溢出的水泥浆，再使用与地面板块相同颜色的水泥浆进行擦缝。等缝内的水泥浆凝固后，需要清理表面，并采取保护措施以保持地面的完整性。一般情况下，三天内禁止人员进入及进行其他施工操作。

三、碎拼大理石地面铺贴施工

（一）碎拼大理石地面的特点

冰裂纹地面也叫碎拼大理石地面。它采用不同形状的大理石碎块，经过挑选后铺贴在水泥砂浆层上，再用水泥砂浆或水泥石粒浆填补块料间隙，最后进行磨平和抛光处理而成。碎拼大理石地面的特点是花色各异、形状多变，色泽鲜艳，因此在装饰工程中很受欢迎。铺贴碎拼大理石地面后，呈现出有序而自然的视觉效果，既不单调也不过于繁琐，让人感觉和谐舒适。碎拼大理石的构造做法和平面示意图，如图3-3-2和图3-3-3所示。

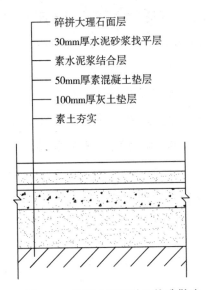

图3-3-2　碎拼大理石地面构造做法

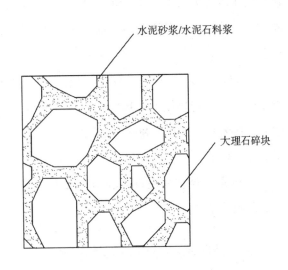

图3-3-3　碎拼大理石地面平面示意图

（二）碎拼大理石地面的基层处理

碎拼大理石地面的基层处理非常重要。首先，要将基层彻底清理干净，确保表面平整，无任何污垢、油污或其他异物。然后，在基层表面进行湿润处理，以提高水泥砂浆的附着性和黏合性。接下来，将1:3比例的水泥砂浆抹在基层上，进行找平处理，水泥砂浆找平层的厚度一般在20~30mm之间。这样能够使得碎拼大理石地面的基层平整牢固，以便后续的铺贴和抛光工作进行。

（3）碎拼大理石地面的施工工艺

①首先需要在找平层上刷一层素水泥浆，接着使用1:2的水泥砂浆将大理石块固定在墙面上，并在墙面上设定距离为1.5m的标筋。然后，将大理石块铺贴在标筋上，使用橡皮锤轻敲大理石表面，以确保大理石与水泥砂浆黏结稳固且平齐于标筋。在实施过程中，需要实时使用靠尺进行表面平整度的检查。

②在进行铺贴施工时，需要在碎块大理石之间留有足够的缝隙，以便随着材料的膨胀和收缩而有所调整。同时，需要及时剔除缝内挤出的水泥砂浆，以保持施工质量和美观度。

③如果在铺贴施工中，没有特定的设计规格要求，那么碎块大理石之间的缝隙大小通常不需要严格要求。可以根据需要进行适当的调整，使得碎块大理石的大小和缝隙相互搭配，形成各种美丽的图案。

④如果需要在碎拼大理石的缝隙中灌注石渣浆，施工前需要先清理大理石缝隙中的积水和浮灰，并在缝隙上刷一遍素水泥浆。缝隙可以使用同色水泥浆嵌抹做成平缝，也可以使用彩色水泥石渣浆嵌入缝隙中。嵌抹的高度一般情况下需要凸出大理石面2mm左右，嵌抹完成后需要撒一层细石渣，然后使用抹子处理平整并压实。完成后，需要进行次日养护。

⑤如果需要对碎拼大理石面层进行磨光处理，通常需要进行四遍磨光工序。在磨光工序中，会先采用80~100号金刚砂进行粗磨，然后使用100~160号金刚砂进行中等磨光，接着使用240~280号金刚砂进行细磨光，最后再采用750号以上的金刚砂进行面层磨光处理。

⑥在完成碎拼大理石面层的研磨工序后，需要将其表面清理干净，然后才能进行上蜡抛光的工序。

四、预制水磨石板地面铺贴施工

（一）施工准备工作

1. 材料准备

在进行水磨石地面铺贴前，需要对预制水磨石版的材料质量进行检查。主要需要检查规格、尺寸、颜色、边角缺陷等问题，并将符合要求的板块进行筛选和分类码放。

2. 基层处理

在进行水磨石地面的基层处理时，需要先挂线检查楼地面的平整度。接着，清扫基层并用清水冲刷干净。如果楼面表面光滑，则需要进行凿毛处理。一般来说，施工前约提前10h左右，需要浇水湿润基层表面，以确保砂浆能够与地面牢固黏合，避免出现空鼓等施工质量问题。

3. 找规矩

根据设计要求，首先需要确定地面的平面标高位置。一般情况下，水泥砂浆结合层厚度应控制在10～15mm范围内，砂浆结合层厚度应在20～30mm，沥青玛蹄脂结合层厚度应在2～5mm之间。接着，将确定的地面标高位置线弹在墙立面下部，根据地砖或水磨石板块的规格尺寸进行挂线找中。如果地面需要与廊道相通，还需要拉通线以确保整体装饰效果的一致性。在施工过程中，需要全面考虑装饰效果和施工质量，以确保最终结果符合设计要求。

4. 铺前试排

首先，需要在空间中两个垂直方向上确定标准线，并在这些线上铺设干砂带进行试排，以便检查板块间的缝隙。如果设计中没有对缝隙做出具体要求，则一般要求缝隙不超过6mm。根据试排结果，在空间的主要部位弹出相互垂直的控制线，并将其引到墙上，以方便在施工中检查和控制板块的位置。

（二）铺贴施工工艺

预制水磨石楼地面的构造做法，如图3-3-4所示。

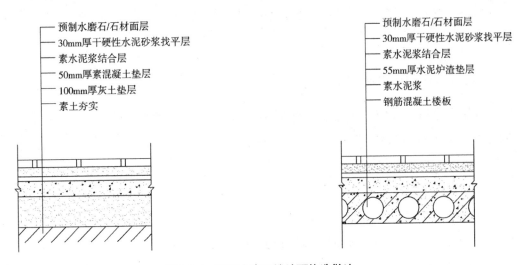

图3-3-4　预制水磨石楼地面构造做法

1. 板块浸水

在进行水磨石铺贴前，为了避免水磨石板从水泥砂浆中吸收过多的水分，影响砂浆的正常凝固和硬化，需要对板块进行浸水处理。处理时，将水磨石板块浸泡于水中，直至板块完全浸透后取出晾干，以便于后续施工工序的顺利进行。

2. 摊铺砂浆找平层

为保证地面的平整度和黏结强度通常情况下会采用1：2干硬性水泥砂浆进行铺设，铺设砂浆时稠度在2~4cm为宜。在铺设砂浆找平层之前要刷一遍水灰比0.4~0.5的水泥浆，并且要做到随刷随铺以保证黏结强度。砂浆找平层的铺抹顺序要从室内往门口方向逐步进行，施工过程中要用木杠子刮平、拍实，用木抹子找平后浇一层水泥浆就可以进行铺贴水磨石板块工序。

3. 对缝和镶条

在进行水磨石铺贴时，需要注意板块四角同时下落，定位后使用橡胶锤轻轻敲打，使用水平尺进行找平。对于需要安装镶条的地面，板块的尺寸要准确，先将两个板块平铺，缝隙的宽度略小于镶条的厚度，然后将水泥砂浆灌入缝隙，最后用木锤将镶条嵌入缝隙内。

4. 灌缝和清理

在水磨石板块铺贴24h后，需要进行缝隙处理。使用稀水泥浆或水泥细砂浆将板缝灌至约2/3高度，不足部分用与板块同色水泥进行抹缝。若板块之间没有镶条，则在抹缝时需特别注意缝隙宽度与深度的均匀性，以免影响整体装饰效果。等待水泥抹缝完全干燥后，将其表面清理干净，最后进行上蜡工序，使地面光滑亮丽，达到理想的装饰效果。

五、踢脚板的铺贴施工

预制水磨石、大理石和花岗岩的踢脚板是楼地面与墙面衔接的重要装饰构成，踢脚板的规格尺寸一般情况下厚度为15~20cm，高度为100~150mm，通常可采用粘贴法和灌浆法进行施工。

（一）施工准备工作

在开始安装踢脚板之前，必须仔细清理墙面并确保其湿润。阳角处需要将踢脚板的一端剪成45°角。开始铺贴时，从阳角处开始，试贴并检查其平直性和对缝贴合性。只有在确认没有问题的情况下才能进行正式铺贴。无论使用哪种铺贴方式，在墙的两端都必须先安装一块踢脚板作为标准，然后拉直线以确保上缘平直和平整度。

（二）施工工艺

1. 粘贴法

粘贴法是先用1：2～1：2.5体积比的水泥砂浆打底，将其表面搓成毛面，等待干硬后润湿踢脚板，然后用素水泥砂浆粘贴踢脚板，厚度约为2～3mm，用橡皮锤轻敲直至平整。施工时需用水平靠尺保证直线，10h后再用同色水泥浆进行擦缝。

2. 灌浆法

灌浆法是一种水磨石踢脚板安装的方法，先将踢脚板安装到其位置，再使用石膏固定板材。然后使用1：2水泥砂浆进行灌缝，将水泥砂浆灌入板与板之间的缝隙和板与地面之间的缝隙中。在灌浆时要保证水泥砂浆不会溢出缝隙并及时擦除溢出的水泥砂浆。待水泥砂浆凝固后，用刮刀将石膏刮掉，然后用同色水泥浆进行擦缝。

六、瓷砖、地砖地面的铺贴施工

（一）施工准备工作

1. 基层处理

在进行瓷砖、地砖的正式铺贴前，需要将基层表面上的砂浆、污垢等杂质清除干净。如果原面层较为平滑，则需要进行凿毛处理，以提高砂浆与楼面之间的黏结力。凿毛处理可以采用机械设备或手工工具进行，将原面层表面划出细小的坑槽，增加砂浆黏附面积，提高铺贴的黏结牢固度。

2. 材料准备

在进行材料检查时，需要仔细核对材料的规格尺寸、颜色和完整度等方面，确保没有任何缺陷。如果发现材料存在明显的尺寸偏差或表面残缺，应立即予以剔除。此外，对于材料的颜色和机理偏差过大的情况，也不能将其混用。

（二）施工工艺

1. 浸水处理

在铺贴瓷砖、地砖前，需要将它们浸泡在清水中2～3h，并晾干备用。这样可以避免瓷砖、地砖过快地吸收水泥砂浆中的水分，影响它们的黏结强度。

2. 结合层铺抹砂浆

完成基层工序后，对其进行浇水润湿，通常需要等待至少一天后才能开始进行结合层的施工。在进行结合层施工时，常见的方法是使用厚度不超过10mm的1：3.5水泥砂浆进行摊铺。

3.弹线定位

为满足设计图纸的要求，需要在墙面标高点处拉出地面标高线和垂直交叉定位线，以便进行地面的精确定位和施工。

4.设置标高面

根据设计图纸要求的地面标高线和垂直交叉定位线，在墙面标高点上确定标高线和交叉定位线。在瓷砖、地砖的背面上均匀涂抹1∶2水泥砂浆，然后将其粘贴在地面上，用橡皮锤轻敲，使其与地面标高线相同。每铺贴几块瓷砖或地砖就要使用水平尺进行检查，确保施工质量符合要求。如有问题，应及时进行调整和纠正。对于小空间来说，一般做成T形标准高度面；对于大空间来说，通常按地面中心做十字形标准高度面以方便扩大施工面积、多人同时施工。如图3-3-5所示。

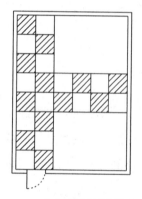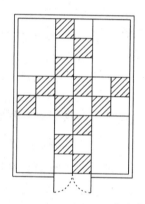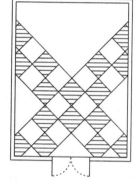

（a）小面积房间做法　　　　　　　　　（b）大面积房间做法

图3-3-5　标准高度面的做法

5.大面积铺贴

在进行大面积铺贴工序时，要以铺好的标准高度面位基准进行，从紧靠标准高度面的边缘开始向外逐步进行延伸，用拉出的对缝控制线使其对缝平直。铺贴时水泥砂浆均匀且饱满的抹在瓷砖、地砖的背面，放入铺贴位置后用橡皮锤轻轻敲实，铺贴过程中要实时用水平尺校验。整幅地面铺贴完成后，一般情况下要在养护两天后再进行抹缝施工。抹缝时要将白水泥调制成干性团在缝隙处擦抹，使缝内填实白水泥，最后将施工面清理干净。

七、陶瓷砖地面的铺贴施工

（一）施工准备工作

1.基层处理

对于陶瓷砖地面基层处理工序，与瓷砖和地砖的处理类似。需要对地面基层进行检查和处理，清除污垢和不平整的表面。对于较为平滑的地面基层，需要进行凿毛处理，以提高砂浆和地面之间的黏结力。

2. 材料准备

在铺贴陶瓷砖前，需要检查其规格、颜色等质量问题，对于出现掉角等小问题的砖块可以进行修复后再进行存放。同时，需要将不同部位需要铺贴的砖块分别存放，并在铺贴前使用水润湿其背面以提高粘贴效果。

3. 铺抹水泥砂浆找平层

在进行陶瓷砖地面铺贴前，需要先进行找平层施工。首先，清理基层面上的杂物，并润湿基层表面。然后，刷上一层水泥砂浆找平层，水泥砂浆的比例为1：2。接着，铺抹干硬性水泥砂浆，比例为1：3，厚度一般为25~30mm，用木杠刮平，用木抹子搓毛。对于有泛水要求的空间，需要预留出泛水坡度。铺贴前要根据设计地面标高进行确定，确保地面平整。

4. 弹线分格

在陶瓷砖地面找平层完成养护2~3天后，根据设计要求或实际尺寸规格，在找平层表面使用墨线弹出标高线和铺贴线，以便后续的铺贴工序进行定位。

（二）陶瓷砖铺贴

1. 陶瓷砖楼地面的构造做法，如图3-3-5所示。

2. 铺贴施工

①在铺贴陶瓷砖之前，要先用水将找平层的砂浆润湿，并刮一层水泥浆。然后抹一层厚度为3~4mm、比例为1：1.5的水泥砂浆。在铺贴陶瓷砖的过程中，要随时进行刮泥、抹泥和铺贴的工作。

②在按照弹线位置摆放好陶瓷砖后，要用手或橡皮锤轻轻拍打使其黏合牢固，并确保各块砖之间平整、齐平。

③在陶瓷砖铺贴完成后，约半小时后进行揭纸拔缝的工序。首先用水将材料面层纸湿润，然后轻轻扯掉面层纸边缘，不要用力拉扯以免破坏瓷砖。完成揭纸后，用开刀工具将缝隙调整平整，对不平整的部分进行拍实和抹平。最后用1：1水泥和细沙混合的灌缝材料将缝隙填满，稍加淋水湿润后再次进行调整和拍实。

④擦缝工序是指使用白水泥素浆将瓷砖铺贴缝隙填充并擦实，同时清除瓷砖表面的灰痕。具体操作步骤为先将白水泥素浆铺满在缝隙上，再用擦缝板或橡皮泥刀将素浆压入缝隙内并擦平。待素浆凝固后，用湿海绵或擦缝布将表面的灰痕擦拭干净，使整个地面更加美观。

⑤铺贴完陶瓷砖后，应在24h内进行养护，可以使用锯木屑等材料覆盖。通常需要养护3~4天后，才能够正常使用。

八、玻璃砖楼地面的铺设施工

（一）施工准备

①用水泥砂浆安装固定好玻璃地砖时，基层的工序做法与陶瓷砖的做法相同。

②如果使用玻璃胶进行铺贴固定，需要先将铺贴玻璃砖的地面清理干净，然后涂抹一层平整的水泥砂浆，将其做成一个平整的水泥基面。接下来，在水泥基面上铺上5~10mm厚的木夹板，并用水泥钢钉将其牢固固定。一般来说，水泥钢钉的间距为400mm，并将钉子钉入木夹板的表面2~3mm。随后，在木夹板上按照玻璃砖的规格尺寸弹出十字墨线，作为铺贴的基准线。

（二）铺贴施工

1. 用水泥砂浆固定玻璃砖的方法与陶瓷砖的施工方法相同。

2. 玻璃胶铺贴固定法

①将待铺贴的玻璃砖背面在离沿边20mm左右的四周位置打上玻璃胶，每块地砖涂胶的面积占5%~8%。

②在已经弹好的十字墨线上，按照规格要求铺贴玻璃地砖。在每两块玻璃地砖之间的缝隙中间，使用3mm厚、40mm长的定位条，将砖缝之间的距离固定为规定的宽度。

③等待玻璃地砖彻底固定后，通常需要6~8小时，然后可以取下定位条块。此时，在玻璃地砖的缝隙边缘贴上20mm宽的保护胶带，以保护缝隙不被灰泥弄脏。

④玻璃地砖间缝处理有几种方法可选。首先，可以直接用玻璃胶填充间缝。其次，可以使用有机塑料条或铜条嵌入玻璃胶中填充间缝。最后，还可以将间缝留大，然后嵌入彩色灯条来作为装饰。当以上工序完成后，需要清除保护胶带。

第四节　木质地面铺贴施工

木质地面，也称木地板，是一种采用木材铺设的地面装饰材料，其面层由木板制成，并经过地板漆饰面处理。木地板具有质轻、易加工、热导率低、舒适触感等优点，但也容易受环境中温度和湿度的变化影响，导致翘曲、变形等缺陷。根据制造工艺和结构特点，木地板通常分为实木地板、实木复合地板和强化地板等不同种类。

实木地板采用天然木材直接制成，拥有自然的木纹纹理和独特的颜色，独具质感。它不易导热，但保持着舒适的温度，冬暖夏凉，适合卧室、书房、客厅等需要优雅和高品质的装修空间。

实木复合地板是一种由多种不同树种的板材交错层压制成的地板，具有较好的尺寸稳定性和耐久性，同时保留了实木地板的自然木纹和舒适的脚感。实木多层板通常是以实木单板为面层，以6～9层胶合板为基材制成；而实木三层板则是以实木单板或拼板为面层，以实木条为芯层，以单板为底层制成。这种地板非常适合在家庭、办公室、商业场所等地面装修使用。

强化地板是一种由专用纸浸渍热固性氨基树脂制成的地板材料，其表面铺装着一层或多层纸浆贴面，可以模拟实木、石材等不同材质的质感，同时具有防潮、耐磨、易清洁等优点。其底部还会加上平衡层以及隔音层等结构，以提高地板的稳定性和舒适性。

木地面的铺贴方式通常分为实铺式木地板、空铺式木地板和实铺式复合木地板三种类型。实铺式木地板是将木地板直接贴在地面上，需要使用专业工具进行固定；空铺式木地板则是将地板与地面之间留出空隙，使其能够自由膨胀和收缩；而实铺式复合木地板则是将多层不同材质的板材交错拼接而成，通过榫卯连接和胶水黏合来固定地板。

一、实铺式木地板施工工艺

实铺式木地板可直接铺设在实体基层上，包括有龙骨式和无龙骨式两种类型。有龙骨式实铺木地板将木龙骨固定在基层上，无龙骨式实铺木地板则采用粘贴式的铺贴方法。在施工前，需要确保底层地面防潮处理，以及木地板适应施工环境的温度和湿度。龙骨、衬板等材料应符合国家现行产品标准的规定。

（一）施工条件

①顶棚、墙柱面的各种湿作业已完成，粉刷干燥程度达到80%以上。

②地板铺设之前要清理基层，不平整的地方要剔除或用水泥砂浆找平。

③墙面已弹好标高控制线并预检合格。

④门窗玻璃、油漆、涂料已施工完成并验收合格。

⑤水暖管道、电气设备及其他室内固定设施安装完成，上下水及暖气试压通过验收。

⑥房间四周弹好踢脚板上口水平线，预埋好经防腐处理过的用来固定踢脚的木砖。

⑦与混凝土或砖墙基体接触的木材均要涂满木材防腐材料。

（二）施工工艺

实铺式木地板的安装流程包括以下步骤：首先要对地面进行抄平、弹线及基层处理；然后安装木龙骨，使之固定在地面上；接着铺钉地板，用钉子将地板固定在木龙骨上；继而铺钉木地板，再次用钉子将地板固定在木龙骨上；最后安装踢脚板，并进行清理。

1. 抄平、弹线及基层处理

实铺式木地板安装前需要进行基层处理，包括抄平和弹线，以保证基层平整且安装位置准确。抄平时可使用专业仪器进行精确调整，基层表面必须清洁干净，并使用水泥砂浆进行找平。弹线时应确保线条清晰，准确无误，同一水平线上需要交叉圈定。基层要求干燥，并进行防腐防潮处理，通常使用沥青油毡或防水粉进行铺设。此外，预埋件和木楔的数量、位置和稳固性也要符合设计标准。

2. 安装木龙骨

①选料时应选用30mm×40mm或40mm×60mm截面的木龙骨，或者选择18mm厚、100mm宽的人造板条。对于木地板的基层，要求底板下龙骨之间的距离要尽可能地密实，通常不超过300mm。这样可以确保木地板的稳定性和耐久性。

②在固定木龙骨之前，需要确定木楔的位置以及间距。通常使用冲击电钻在弹出的十字线交叉点位上的楼板或水泥地面上打孔，孔距控制在约600mm左右。然后在孔内下放浸油的木楔，将木格栅固定在木楔上时使用长钉。

③为确保安装后的龙骨结构牢固稳定，需要在龙骨之间添加横向支架。横向支架的间距需根据设计图纸或现场实际情况确定。支架需与格栅垂直交叉，并使用钉子进行固定。

④为了确保木地板下通风，每隔约1000mm左右的木龙骨上开设有通风槽口，槽口深度不小于10mm，宽度不小于20mm。为达到保温、隔音、吸湿的效果，通常在木龙骨空隙内填充适量的轻质材料，例如防水粉或矿棉毡。

3. 铺钉底板

通常选用10mm～18mm厚的人造板作底板，底板可与木格栅进行胶钉。

4. 铺钉木地板

在铺钉木地板时需要注意以下几点：首先需要考虑条形木地板的铺设方向，以确保其方便铺钉、牢固、实用美观等要求。对于走廊、过道等空间，应沿着行走方向进行铺设；对于室内空间，则应沿着光线方向进行铺设。在大多数室内空间中，光线方向和活动行走方向通常是一致的。

①将底板清理干净后弹铺钉线。

②在铺钉木地板之前,需要进行防潮处理。常见的防潮方法是在木地板下方铺设一层沥青油毡或聚乙烯泡沫胶垫,以避免潮气渗透和噪音产生。这样可以保证木地板在使用过程中保持干燥和安静。

③长条形木地板钉接法固定有两种方法:明钉法和暗钉法。明钉法适用于平口地板,首先将钉帽扁平,然后将铁钉斜着钉入板内。同一行的钉帽应该在一条直线上,钉帽要冲入板内3mm~5mm。暗钉法通常用于企口地板,从板边的凹角处斜着钉入,钉入角度一般为45°或60°以使板紧密。当最后一行木地板无法斜向钉入时,采用圆钉直向钉入,每块木地板至少用两枚钉,钉的长度一般为板材厚度的两倍左右。

④铺钉木地板时需要注意铺钉的顺序和方法。一般建议从墙的一侧开始铺钉,并逐块排紧。在施工过程中,需要考虑地板之间的缝隙,通常松木地板的缝隙应该不大于1mm,硬木地板的缝隙应该不大于0.5mm。此外,木地板面层与墙面之间要留出10~20mm的缝隙,以便于地板的自然膨胀和收缩。

⑤对于木材面板的加工处理,通常需要进行刨磨处理。在进行粗糙的刨光处理时,需要先按照木材的垂直纹路方向进行一遍刨削,接着按照木材的纵向纹路方向进行二次细致的刨削,然后再按照木材的纵向纹路方向进行磨光处理,最终进行整体的磨光、上漆、打蜡等保护措施。

⑥安装木踢脚板时,首先需要对其进行刨光处理。在靠墙的一面开凹槽,每隔1000mm左右打钻⌀6mm的通风孔,以便进行通风。在墙上每隔750mm砌防腐木砖,然后将踢脚板用气钉牢固地固定在防腐木砖上。注意,踢脚板面要与地面垂直,上口呈水平状。在踢脚板阴阳角的交角处,需要将其锯切成45°角,然后再进行拼装。踢脚板的接头应该固定在预埋的防腐木砖上,以确保其稳固牢固。

5. 成品保护

①要注意地板材料的妥善存放,应该整齐地堆放,并轻拿轻放,避免在搬运过程中损坏材料的边角。不能随意地将材料乱堆乱放,以免影响材料的质量和美观度。

②当在已铺设的实木地板上进行后续作业时,需要注意穿上软底鞋,避免穿着硬底鞋或者高跟鞋等会刮擦地板面层的鞋子。此外,还要避免在地面上敲打或猛力摔打物品,以免造成实木地板的面层损坏。

③在铺设实木地板时,必须确保施工环境的温度和湿度稳定。在通水和通暖气之前,必须检查管道和阀门是否牢固密封,以避免水渗漏浸湿地板,导致地板起鼓、开裂

等问题的发生。

④木地板基层内设有管道时，要做好标记，有管线的地方不能打孔、钉钉子，避免出现损坏管线的情况。

⑤实木地板面层施工完成后要进行遮盖处理并设专人看护。

⑥后续工程中在地板面层上施工时必须进行遮盖、支垫，不能直接在木地板面层上焊接、和灰、调漆、动火、搭脚手架等。

⑦要安排专人负责成品保护工作，需要注意在交叉作业施工时要协调好各项工作。

（三）注意事项

①要按照设计要求进行施工，材料选用要符合质量标准。

②木垫块、木格栅、条形木地板底面均要做防腐处理。

③为有利通风，木地板靠墙处要留伸缩缝，通常情况在15mm左右。在地板和木踢脚线相交处，如要安装封闭木压条，则要在木踢脚线上留通风孔。

④实铺式木地板所铺设的油毡防潮层，必须与墙身防潮层连接。

⑤在常温条件下，砂浆或细石混凝土垫层浇筑后至少等7天后方可铺装木龙骨。

二、空铺式木地板施工工艺

空铺式木地板通常适用于需要在基层上升高一定高度的场合，如舞台地面等。在施工时，需要使用砖墙或砖墩等结构作为支撑，将木地板空铺在这些支撑结构上。这种铺装方式能够有效地增加木地板与基层的距离，并且可以保持地面的平整度和稳定性。

（一）施工条件

①顶棚、墙柱面抹灰完成，门框结构安装完成，已弹好+500mm水平标高线。

②屋面防水、穿楼面管线已做完，管洞已堵塞密实。预埋在地面内的电管已做完。

③暖气管、卫浴管道试水、打压完成，验收合格。

④房间四周弹好踢脚板上口水平线，预埋好经防腐处理过的用来固定木踢脚的木砖。

⑤在与混凝土或砖墙体接触的木制品上，如木格栅、踢脚板背面、地板底面、剪刀撑、木楔子、木砖等，必须先进行防腐处理，以防止木材与潮湿的环境接触后腐朽和损坏。

（二）施工工艺

砌筑地垄墙→铺放垫木并找平→安装木格栅→固定底板→面层铺钉→表面处理。

1.砌筑地垄墙

一般情况下，砌筑地垄墙使用红砖和1∶3水泥砂浆或混合砂浆。在砌筑墙顶面时需要进行防潮处理，如涂刷焦油沥青和铺设油毡纸等。铁件和铅丝需要预埋于地垄墙上以备绑扎垫木。在地垄墙基面上抹水泥砂浆并找平。地垄墙之间的距离通常为2000mm左右，也可以使用砖墩砌筑的方法。砖墩的厚度应与木格栅的布置一致，间距一般为500mm。在砌筑空铺式架空层时，需要预留通风孔并保持通风良好。在建筑外墙每隔3000~5000mm预留相应的孔洞并安装风算子以保持通风。如果空间允许，也可以在地垄墙上设置过人通道，规格一般为750mm×750mm。

2. 铺放垫木

放置垫木的目的是为了将木格栅的承重荷载传递到地垄墙或砖墩上。垫木在使用前必须进行防腐、防火处理。通常选择50mm的厚度，并将其锯成短段，在地垄墙上进行通长布置，然后用铅丝进行绑扎。接头一般采用平接方式。完成垫木的铺设后，需放线进行找平。

3. 安装木格栅

木格栅是安装在铺放垫木上面，用于固定和承托面层的结构。其断面尺寸和跨度要根据地垄墙的间距而定。通常情况下，木格栅的铺设间距为500mm，与地垄墙垂直方向铺设，与墙面之间留有30mm的缝隙。在安装时，需要拉出水平线进行精准找平，并与垫木连接，使用长铁钉将其牢固固定在垫木上。为保证其侧向稳定性，一般会在木格栅两侧面之间安装剪刀撑。木格栅的表面需要进行防火、防腐处理，以延长其使用寿命。在施工过程中，需要注意木格栅表面标高与其他地面标高的关系，确保整个地面平整稳定。

4. 固定底板

底板是用于固定木地板的一层木板，通常安装在木格栅上方或木地板下方。底板的材质一般为杉木板或松木条，也可以使用人造板材如密度板或细木工板。在安装底板之前，需要清理空间内的杂质。如果使用硬木拼花人字纹作为面层，则底板应该与木格栅垂直安装，表面应该平整，接缝应该严密但留有1~3mm的缝隙。如果使用条形底板，则底板应该以30°或45°的角度安装在木格栅上，并使用钉子斜向钉牢，相邻两块底板应该对准木格栅的中线，并错位铺设，钉子的位置应该错开。底板和墙面之间应该留有10~20mm的缝隙。

5. 面层铺钉

做法同实铺式工艺。

6. 成品保护

做法同实铺式木地板施工工艺成品保护。

（三）注意事项

①在安装底板之前，需要仔细检查木龙骨的安装情况，确保其稳固可靠。如果发现任何问题，应立即进行加固处理，以防止在日后使用过程中产生噪音和不稳定的情况。

②在安装木龙骨时，需要注意控制龙骨的含水率，确保其在安装前达到理想的含水率。此外，基层的湿度也需要控制在合适的范围内，确保其充分干燥后才能进行施工。在施工过程中，不能将水洒在木地板上，以免影响地板的质量。在实木地板铺设完成后，需要进行成品保护，采取相应的防护措施，以防止地板面层的变形和起鼓。

③在安装木地板之前，需要对地板的品牌、颜色、尺寸、纹理、规格等进行精选，确保地板边缘的平直，板面的平整，防止出现板缝不严密、花色纹理不均匀等问题。

④在进行地板施工前，需要确保各个控制点和控制线的准确性，施工过程中还需与其他地板作业面进行协调，以保持一致性，防止接缝处出现高低差。

⑤在安装木地板前，需要留好木龙骨、底板和地板面层与墙面之间的间隙，这样可以有效预防木地板受潮变形等问题的发生。同时还需要预留出木地板的通风孔，以确保空气流通，保持地板干燥。在施工过程中，需要严格按照规定进行操作，确保控制点、控制线的准确性，协调各施工面的工作，避免接缝处出现高低差。

⑥在安装木踢脚板之前，需要仔细检查墙面是否垂直和平整，并测量木地砖之间的距离是否一致。如果存在任何偏差，需要及时进行修整，以确保踢脚板与墙面接触牢固，避免出现翘曲和变形的情况。在安装时，还需要注意不要将具有明显色差的木地板放在一起安装。

⑦在雨季施工时，由于空气湿度较大，可能会影响木地板的施工效果，因此需要及时采取措施控制湿度。一种有效的方法是通过开启门窗通风来增加空气流通，以便加快木地板的干燥速度。如果情况需要，还可以增加人工排风设施，以确保施工现场的空气湿度不会超出规定的范围。

⑧在冬季进行木地板施工时，应确保室内有供暖设备，并保持室内温度的稳定。使用胶黏剂时，室温应保持在10℃以上，以确保胶黏剂的质量和效果。如果温度过低，会影响胶黏剂的固化时间和黏附力，从而影响地板的稳定性和使用寿命。

三、复合木地板铺装施工工艺

复合木地板在各种场所都有着广泛的应用，它具有防污、耐磨、易清洁、抗压、防潮不易变形等优良特性。铺设复合木地板时，既可以采用铺设在木龙骨格栅或衬板上的方式，也可以直接铺设在建筑基层上。这种铺设方式可以满足不同场所的需求，如家里、办公室、酒店、实验室等。

（一）施工条件

①顶棚、墙柱面的所有面层施工已完成。

②楼地面水泥砂浆基层完成且标高正确。

（二）施工工艺

基层处理→铺设垫层→铺设复合木地板→安装踢脚板→清理验收。

1. 基层处理

①检查水泥砂浆地坪表面是否平整，是否存在气泡、凸起或起皮现象等问题，如果发现了这些问题，需要及时进行打磨、铲除和修补，以保证地面平整度符合施工要求。

②清除表面的胶水、油漆等残留物，清理掉漂浮的尘土和砂粒，以确保地面表层干净无尘。

③在地面基层上均匀涂刷防潮涂料，需要按照涂料要求进行多遍涂刷，确保每个区域都被充分覆盖，不漏涂、不少涂。

2. 铺设垫层

铺设防水聚氯乙烯薄膜时，应确保薄膜完全铺展，且与地基表面充分接触。接缝处应留足余量，以确保无缝隙。垫层不仅可增强地板的防潮效果，还能有效降低步行时的噪音和提高脚感舒适度。垫层的厚度应根据地面状况和使用环境合理选择。

3. 铺设复合木地板

地板铺装通常从房间较长的一侧或顺光线方向开始。在开始铺装之前，需要根据房间面积和地板规格计算出所需的实际地板数量，以避免出现过小的地板条。地板的短边接缝需要错开排列。在安装第一排时，需要从左向右横向安装，并且在地板的槽面与墙面相接处预留8~15mm的缝隙，以便后续安装踢脚板。在安装之前，可先进行试铺，确保黏合胶水前地板的布局合理。如果墙边线不直，需要在地板上画出墙边轮廓线，以便对地板进行裁切以适应墙体的形状。如果第一排地板最后一块长度大于300mm，可以用于第二排的第一块；如果长度小于300mm，则需要将第一排的第一块地板裁切以保证最后一块地板的长度大于300mm。在铺装第二排之前，需要涂抹适量的胶液在第一排地板的榫部和第二排地板的槽部，然后小心轻敲并将地板拼接到位。在铺装第二排之后，需要等待胶固化接牢后再进行下一行的铺装。通常等待胶固化的时间不少于2h，铺装时如有胶液溢出需要及时清理。除了使用胶水黏合外，还可以使用地板卡子进行固定。

地板铺装时，每一排的最后一块地板在安装前需要反向校验对槽，做好标记后再进行切割和安装，以确保地板安装后有伸缩的空间，并在地板和墙之间放置8～10mm的木楔。在安装最后一排地板时，需先取出一块整板放在已安装好的前一排地板上进行对齐校验，再取另一块整板放置其上，靠近墙沿上板边缘，并在下板面上画出线，按照线的位置进行裁切，然后涂胶拼装，使用木楔挤紧最后一块地板，并使用拉紧器将地板固定好。

在进行施工时，如果遇到管道，需要将地板锯成适当长度，并找到一个合适的角度标出管道的直径。然后测量管道与已安装地板的距离，并在要钻孔的地板上标出这个距离和管道的中心点。接下来在地板上钻一个直径比管道外径大约2mm的孔作为定位点。然后使用钢丝锯将地板锯成一小块，以便将其放入管道和墙壁之间。将地板放回原位，并在锯掉部分的周围涂上胶水，然后粘贴到原来的地板上。如果遇到门槛，需要留出膨胀空间。为此，可以在门槛处安装特制的金属装饰条，以确保地板可以膨胀和收缩，同时保持美观。铺装完成后要进行污渍清理，可以用湿布、中性清洁剂或吸尘器。

4.安装踢脚板

在安装复合木地板的时候，可以选择使用普通木质踢脚板、仿木塑料踢脚板或者配套的复合木地板专用踢脚板。安装前，需要先按照踢脚板的高度弹出水平线，并清理地板与墙缝隙中的杂物。接着在踢脚板预埋木砖的位置上标出位置，使用气钉将踢脚板固定在地板上。在拼装踢脚板时，应尽量将接头设置在墙角处，以使其更加美观。同时，在踢脚板的阴阳角交角处，需要将其锯切成45°角，以便更好地进行拼装。最后，踢脚板的接头需要牢固地固定在预埋的防腐木砖上，以确保其稳定性和耐久性。

5.成品保护

①安装复合木地板后，需要确保房间通风良好。通常情况下，夏季需要至少保持通风24h，冬季则需要至少保持通风48h，然后才能正式使用房间。

②不能使用尖锐物体在地板上勾画或重物在地板上拖拉，避免刮伤地板表面。

③做好防水工作，特别注意要防止邻接瓷砖面的水进入地板面层，避免浸泡地板。

④不能将强酸、强碱、油漆稀释剂等溶剂置于地板表面，避免腐蚀损坏地板面层。

（三）注意事项

①拼缝要严实。拼缝时企口处不严、未打胶黏牢等因素会造成拼缝不严的问题，施工过程要注意严格拼缝。

②复合木地板铺装时要注意地板交接缝的处理，要按规范要求进行留缝，防止地板受潮后弯拱变形。

③要严格控制完成面标高，要求与已铺设好的地板面层标高误差控制在±2mm以内。

第五节 塑料楼地面铺贴施工

随着技术的不断提升，塑料类装饰地板材料的应用范围越来越广泛。这种地板材料通常以高分子合成树脂为主要成分，经过一定的加工工艺，可以制成预制块状、卷材状或现场铺涂整体状的地面材料。塑料地板的优点包括轻便耐磨、脚感舒适、隔热保温、施工简便、价格较低等。此外，它还可以呈现出仿大理石、仿花岗岩、仿天然木纹等多种色彩和纹理，常用于各种公共建筑空间，例如办公楼、宾馆、商场、实验室、医院、电影院等。

塑料地板的分类：①按其形状分类有块状地板和卷材地板；②按其外观特征分类有单色地板、印花压花地板和透明花纹地板；③按其材质的软硬性分类有硬质地板、半硬质地板和软质地板；④按其使用的塑料类型分类有聚氯乙烯地板、聚丙烯地板和聚乙烯地板等，国内普遍采用的是聚氯乙烯地板（见表3-5-1所示）；⑤按其生产工艺分类有热压法塑料地板、压延法塑料地板和注射法塑料地板；⑥按其结构特征分类有单层塑料地板和复合塑料地板。

表3-5-1 常用工程塑料

化学名称	通俗名称	材料代号
聚氯乙烯	聚氯乙烯	PVC
聚乙烯	聚乙烯	PE
聚丙烯	聚丙烯	PP
聚苯乙烯	聚苯乙烯	PS
聚丁烯-1	聚丁烯-1	PB
丙烯腈—丁二烯—苯乙烯共聚物	ABS塑料	ABS
聚碳酸酯	聚碳酸酯	PC
聚酰胺	尼龙	PA
聚甲基丙烯酸甲酯	有机玻璃	PMMA
聚硅氧烷	有机硅	SI
酚醛树脂	酚醛树脂	PF
环氧树脂	环氧树脂	EP
共聚聚酯	共聚聚酯	PETG
发泡性聚苯乙烯	发泡性聚苯乙烯	EPS
增强塑料	增强塑料	RP
高密度聚乙烯	高密度聚乙烯	HDPE

一、塑料板地面施工工艺

（一）施工条件

①暖管、水管线路已完成安装并试压合格，符合要求后办好验收手续。

②顶棚、墙柱面喷浆或墙面油漆、裱糊等工序已完成。

③楼地面和踢脚板的水泥砂浆找平层已完成，一般情况下其含水率不大于9%。

④建筑室内空间相对湿度不大于80%。

⑤施工前要先做样板件，对于有拼花要求的地面要先绘制出大样图，经客户和质检部门验收后方可大面积施工。

（二）施工工艺

基层处理→弹线→地面试铺→刷底胶→铺贴塑料地面→铺贴踢脚板→擦光上蜡。

1. 基层处理

如果地面基层是水泥砂浆面，需要确保其表面平整、坚硬、干燥且没有杂质。如果发现表面存在起砂、麻面或裂缝等情况，需要采用乳胶腻子进行处理。在进行涂刷作业时，每次涂刷的厚度应该不大于1mm。等待腻子干燥后，用0号砂布进行打磨，然后再涂刷第二遍腻子。反复进行这个过程，直至表面平整。最后使用水稀释的乳液进行一次涂刷。

如果地面基层是预制楼板，需要特别注意楼板过口处的处理。首先，要对板缝进行严密勾平和压光。其次，要清除楼板面上多余的钢筋头和预埋件，并填平凹坑。在清理楼板面后，需要使用10%的火碱水刷洗并晾干。然后，再用水泥乳液腻子对基层表面进行处理，刮平后使用砂纸打磨平整。最后，再次清理基层表面以确保表面的整洁和平整。

2. 弹线

在建筑室内长、宽方向弹出十字线，要按照设计要求进行分格定位，根据塑料板材尺寸规格弹出板块分格线。室内空间长、宽尺寸不能满足塑料板块尺寸倍数时，常用构造设计的做法是沿地面四周弹出加条镶边线，一般距离墙面200～300mm。板块定位的常用方法有直角定位法和对角定位法。

3. 地面试铺

在铺贴塑料板块前，按照弹线位置及定位图先进行试铺，试铺过程中进行板材编号，发现问题要及时调整，然后将板材收起放好并将基层清理干净。

4. 刷底漆

在清理干净基层后，需要先涂刷一层薄而均匀的结合层底胶。底胶的配制方法取决于所选用的胶黏剂类型。如果使用的是水溶性胶黏剂，则需要将胶黏剂和适量的水搅拌均匀后使用。如果使用的是非水溶性胶黏剂，则需要将胶黏剂、汽油和醋酸乙酯按照一定比例混合并搅拌均匀后使用。无论使用何种胶黏剂类型，底胶的涂刷应该均匀、薄而不厚。

5. 铺贴塑料地面

在启封塑料地板包装后，首先要将塑料地板背面清理干净，确保没有灰尘。通常情况下，从建筑室内的中心位置开始，以十字形向外粘贴。如果使用乳液型胶黏剂，需要在塑料地板背面和基层上均匀涂胶。一般来说，用油刷沿着塑料地板粘贴的地面位置和塑料地板背面各涂刷一道胶。如果使用溶剂型胶黏剂，则需要在基层上均匀涂胶。在基层涂刷时，要超出分格线10mm，涂刷厚度不大于1mm。铺贴塑料地板前，需要等待约20min，让胶层干燥不黏手。铺贴时，需要对照已经弹好的墨线，一次就位准确粘贴，用橡皮锤从中间向四周锤击压出气泡，确保粘贴密实。铺贴接缝大小可控制在0.5mm左右。每铺贴一块塑料地板，要用棉纱头将挤出的胶擦拭干净，再进行第二块的铺贴，逐块进行。基层涂刷胶黏剂时，要注意不能一下涂刷面积过大，要随贴随刷。对缝铺贴的塑料地板，接缝要做到横平竖直，十字缝处的接缝要通顺无歪斜，确保对缝严实缝隙均匀。

根据不同的铺贴材料需要注意以下事项。

①在铺贴软质聚氯乙烯板地面前，需要对板材进行预处理。首先将板材块浸泡在热水中约10~20min，等待板材变得柔软并展平后取出晾干。在铺贴过程中，如果需要对板材之间的缝隙进行焊接，则需要在铺贴完成48h后再进行，也可以先焊接后再铺贴。选择焊条时需要注意，其成分和性能应与被焊接的板材相同。

②在铺贴半硬质聚氯乙烯板地面之前，需要对板材块进行处理。最好使用丙酮、汽油混合的溶液来脱脂除蜡，待处理后等待表面干燥后，再进行涂胶铺贴。

③对于塑料卷材的铺贴，需要事先按照规划好的方向和尺寸进行裁剪，并对每个卷材进行编号。在刷胶铺贴时，需要将卷材的一侧对准预先划好的尺寸线，用压滚工具将其压实。在铺贴过程中，需要确保每个卷材之间的连接平滑，不会出现卷曲或翘起的现象。

6. 铺贴踢脚板

地面铺贴完成后，弹出踢脚线的上口线，然后分别在墙面下部的两端铺贴踢脚、挂线粘贴，实施过程中要先铺贴阴阳角、后铺贴大面并反复压实，需要注意踢脚线上口和踢脚与地面交界处阴角的滚压并及时将溢出的胶痕清理干净。踢脚侧面要平整、接口处要严密，阴阳角要做成直角或者圆角。

7. 擦光上蜡

完成塑料地面和踢脚板的铺贴后要擦拭干净等待晾干，然后用砂布包裹配置好的上光软蜡对面层满涂1～2遍，待稍干后用布擦拭直至表面光滑、光亮。

第六节　地毯地面铺贴施工

地毯是一种高档的现代建筑装饰材料，具有许多优点，如隔热隔声、柔软舒适和易施工等。地毯的种类和规格繁多，按照材质可分为化纤地毯、塑料地毯、混纺地毯和羊毛地毯等；按照性能和使用场合可分为六个等级，包括轻度家用级、中度家用级（轻度专业使用级）、一般家用级（一般专业使用级）、重度家用级（中度专业使用级）、重度专业使用级和豪华级。在选择地毯时，通常会综合考虑使用等级、铺贴部位和装饰需求等因素。

地毯地面进行铺装施工前要做好材料的准备工作：①垫料的准备，对于无底垫的地毯如选用倒刺板进行固定则应准备垫料材料。垫料通常选用海绵材料或毛毡垫作为底垫料。②地毯胶黏剂，通常用于地毯与地面进行黏结以及地毯和地毯连接拼缝间的黏结。地毯常用的胶黏剂有两类，分别是聚醋酸乙烯胶黏剂和合成橡胶胶黏剂。③倒刺板，地毯的专用固定件。④铝合金收口条，用于端头露明处以防地毯毛边外露影响美观，同时也起到固定作用。对有高低差的地面施工时一般选用L型铝合金收口条进行两种地面交界处的地毯收口。地毯铺装基层的准备工作：①基层要具备一定的强度，水泥砂浆或者混凝土基层要达到强度后才能进行铺装。②基层表面须平整，无麻面、无裂缝、无凹坑并要保持清洁。③在木地板面上进行地毯铺装时要注意钉头或其他凸出物，防止戳坏地毯。

一、固定式地毯施工工艺

地毯的固定铺装可以采用两种不同的工艺：一种是使用胶黏剂进行固定，另一种则是使用倒刺板进行固定。

（一）地毯胶黏剂固定施工方法

铺装地毯时，可以采用胶黏剂固定的方法，不需要添加垫层。固定地毯时，有两种胶黏剂的涂刷方法可供选择：一种是满面涂刷胶黏剂，适用于人流量较大的场所；另一种是局部涂刷胶黏剂，适用于人流量较小的场所。铺贴地毯时，需要根据实际情况选择合适的胶黏剂涂刷方法。

固定地毯使用胶黏剂的方法需要先在地毯底部涂刷一层较密实的胶底层，通常选择2mm的橡胶、塑胶或泡沫胶。选择不同的胶底层会对地毯的整体耐磨性产生影响。例如，重度级的专业地毯需要刷胶厚度在4～6mm，并在胶底下贴上一层薄黏片。刷胶时，可以选用塑料地板用的同类胶黏剂。将胶涂刷在基层上，静置一段时间后即可铺贴地毯。实际操作时需要根据铺贴空间的尺寸采取不同的方法。例如，铺设面积较小的房间地毯，可以在地面中间刷一块小面积的胶，将地毯铺放在上面并用地毯撑子往四周撑拉，然后在沿墙四边的地面上涂刷12～15cm宽的胶黏剂，使地毯和地面粘贴牢固。一般情况下，刷胶的涂布量为0.05kg/㎡，但若地面较为粗糙，则涂布量可以适量增加。对于面积狭长的走廊等地面的地毯铺设，则需要从一端铺向另一端，采用逐段固定、逐段铺设的方法。

当需要将多块地毯拼接在一起时，首先将相邻的两块地毯摆放在地面上，并将它们的拼缝对齐。然后在拼缝处将地毯的背面剪成锯齿状，再将其覆盖在麻布条上并涂抹上胶黏剂。接下来，将另一块地毯的背面也剪成锯齿状，将其覆盖在已经涂抹了胶黏剂的麻布条上，并将两块地毯按照对齐的拼缝黏合在一起。在铺设过程中，需要注意地毯与地毯之间的拼接缝隙要尽可能地紧密，以避免在使用过程中出现开裂或者翻起的情况。

（二）地毯倒刺板固定施工方法

固定地毯的倒刺板铺装工艺包括以下步骤：首先进行尺寸测量，然后根据实际尺寸裁切地毯，并进行合缝处理。接下来，固定踢脚板，使其紧贴地面，并且固定倒刺板于踢脚板上。在固定倒刺板时，需要注意倒刺板的排列方向应与地毯铺设方向垂直。接着，将地毯拉伸至紧贴倒刺板，并使用橡皮锤将地毯边缘固定在倒刺板上。最后进行地毯清理，确保铺装效果整洁美观。

①尺寸测量，要精准测量房间尺寸，长宽净尺寸即是裁切下料的依据，要按照房间和所用的地毯型号进行统一编号。

②裁切合缝，精准测量好铺设部位尺寸及确定铺设方向后进行地毯的裁切。

③固定踢脚板的材料一般有木质和塑料，塑料踢脚板可直接用胶黏剂粘贴，木质踢脚板要用平头螺丝固定，距离地面约1cm，涂料要在铺设地毯之前涂刷。

④固定倒刺板的方法是将基层清理后，用水泥钉沿踢脚板边缘将倒刺板固定在基层上，钉间距约40cm，离踢脚板面10mm左右。在柱体四周也需固定倒刺板条，一般的空间沿墙钉装即可。

⑤地毯拉伸与固定，拉伸地毯的方法是先将地毯一边放在倒刺板条上，背面挂在倒刺板钉钩上，用撑子进行拉伸，掩藏毛边到踢脚板下面。

⑥地毯清理，在地毯铺设完成后表面会留有在铺设过程中脱落的绒毛等物，待收口条固定后用吸尘器进行清扫。铺设后的地毯在交付前要尽可能减少人员的走动踩踏。

二、活动式地毯施工工艺

活动式地毯是一种无需将地毯固定在基层上的铺设方式。地毯只是浮搁在基层上，因此更换起来非常方便，施工也非常容易。然而，这种铺设方式并不适用于人员活动频繁的场所，或者周围有重物压盖的场所。一般来说，它适用于功能性小型方块地毯或装饰性工艺地毯。

活动地毯的铺设需要保证基层平整、光滑，没有任何凸起或异物。地毯块应按照规定的格线控制线逐块铺排，从中心位置开始向四周展开，并逐块就位放稳贴紧。收口部位需要使用合适的收口条进行处理。如果与其他地面材料交接处高度不一致，可以使用铝合金收口条将地毯的毛边伸入收口条内，并将收口条端部砸扁压实。在一些重要部位，可以使用双面粘贴胶带等措施使地毯更加稳固。

三、楼梯地毯的施工工艺

在楼梯上进行地毯铺设需要严格遵守国家相关标准的要求，因为楼梯是人员行走频繁的区域。在进行施工之前，需要准备一些工具和材料，例如角铁固定件、胶黏剂、地毯用钉和锤子等。如果选择无底垫地毯，则还需要准备海绵垫料。需要根据楼梯的尺寸计算所需的地毯用量，并准备一定的余量。铺贴施工工艺如下。

①在楼梯的阴角处使用倒刺板条将衬垫材料固定，同时需要保留15mm的间隙。在每级楼梯的踏板和踢板之间的转角处安装地毯角铁，其长度应小于地毯宽度的20mm左右。如果不需要使用地毯衬垫，则可以直接将地毯角铁固定在楼梯的阴角处。

②铺设楼梯地毯时，需从最高处的梯级开始，将地毯翻起并钉在最上层梯级的踢板上，然后将地毯拉紧并按序铺设地毯角铁，逐级向下。在楼梯阴角处用工具将地毯压入，并使倒刺板条上的钩子抓紧地毯。最后将多余的地毯内侧朝向，钉在最后一级梯级的踢板上。在整个过程中，要使用工具将地毯压紧并使其紧贴地面，以确保地毯的牢固性和美观度。

第七节 活动地板安装施工

活动地板,又称装配式地板,是由多种不同材质和规格的块状面板、龙骨、支架等组合而成的一种架空式装饰地面。其优点包括轻巧、高强度、平整稳定、防火和耐腐蚀等特性。其中,防静电活动地板是特别为计算机房、交换机房、抗静电处理厂房及办公场所等需要防静电功能的室内地面装饰而设计的。活动地板的产品种类繁多,品质和档次各异。按其功能可分为抗静电活动地板和一般活动地板;按其面板材质可分为铝合金框基板面复合塑料贴面板、高压刨花板面贴塑面层板、全塑地板等。常见的活动地板支架结构形式包括拆装式支架、固定式支架、卡锁格栅式支架和龙骨支架等。活动地板的架空结构可以满足铺设电缆等各种管线的需要。

一、活动地板的铺设工序

①基层处理,楼地面基层要表面平整,无明显的凹凸物。如基层为水泥地面要根据抗静电地板的施工要求在其面层刷清漆做防尘处理。

②弹线,施工弹线是根据设计要求放线,并对照活动地板的规格尺寸弹出墨线形成方格网,作为地板铺设时的对标依据。

③固定支架,弹线完成后在其方格网的十字交叉处进行地板支架的固定。

④水平调控,调整地板支架托,所有的支架顶面高度要达成全室空间水平。

⑤安装龙骨,将龙骨桁条安装在支架上,用水平尺校平后可以放置地板块。

⑥面板安装,拼装活动地板块并调整地板块水平度和相间板缝。

⑦安装保护,在活动地板上进行设备安装时,要铺垫一层夹板作为临时保护措施。

二、活动地板的施工工艺

(一)弹线定位

首先需要确定活动地板支架的放置位置,并使用墨线在地面上形成交叉的方格线。为确保支架的安装和调整的准确性,以保证活动地板的水平度要求,通常会在各墙面上标绘基准线,该基准线的高度为活动地板整体抬高线扣除地板厚度的尺寸。然后在标绘线上钉上钉子并拉上线。

（二）固定支架

在地面的方格网上找出支架的位置，然后在这些位置打孔。随后，将膨胀螺栓放入孔中，让其扩张并固定在地面上。最后将支架安装在膨胀螺栓上，使其稳定地固定在地面上。

（三）调整支架

根据施工使用的不同产品，有些支架需要用锁紧螺钉进行固定，而有些支架则需要使用可活动螺钉进行调整。在进行高度调整后，需确保支架顶面与拉线齐平，并且在活动结构锁紧之前完成调整。

（四）安装龙骨

使用水平仪逐个检查已安装的支架结构，确保它们处于水平状态，然后使用水平尺调整支架托盘的高度。接下来，将地板支撑桁条放置在支架之间。支撑桁条的安装方式取决于活动地板的类型和安装要求。连接支撑桁条和地板支架的方法包括平头螺钉固定、定位卡连接和橡胶密封条胶接等。

（五）安装面板

在支架桁条格栅框架上，精准地放置各规格的活动地板块，注意地板尺寸的误差，以确保安装的准确性。如果使用抗静电活动地板，则地板与墙柱面的施工接缝必须非常紧密，较小的接缝可用泡沫塑料填实，较大的接缝可用木条填充并压实。活动地板安装时要求周边整齐，接缝处钉接、黏结或销接的要求非常严格，确保各接缝一致平整，没有高低差。

第八节　楼地面常用构造节点

一、实木复合地板（带地暖）地面构造与节点模型

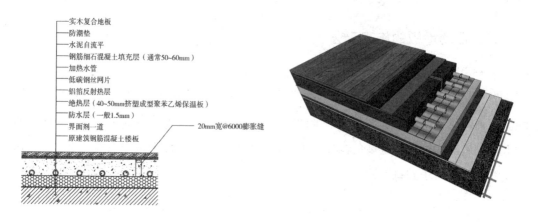

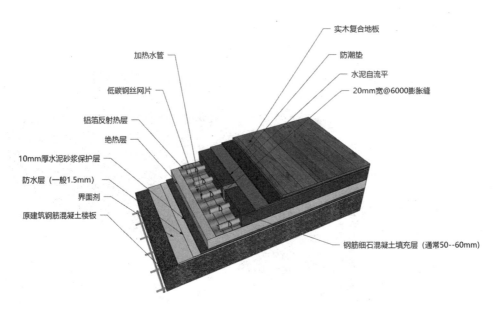

用料及分层做法:

①木地板品种与规格由设计人定,并在施工图中注明。

②木地板在贴铺前先在背面涂氟化钠防腐剂,再涂黏结剂。

③设计要求燃烧性能为B1级时,应按消防部门有关要求加做相应的防火处理。

④地面施工注意事项详见相关技术规程。

二、复合地板地面构造与节点模型

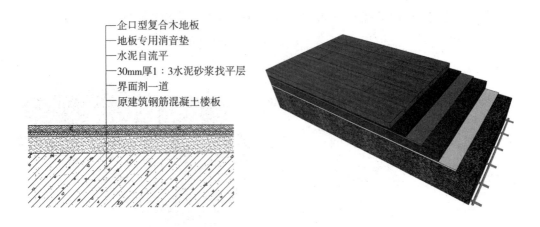

企口型复合木地板

地板专用消音垫

水泥自流平

3mm厚1：3水泥砂浆找平层

界面剂一道

原建筑钢筋混凝土楼板

用料及分层做法：

①原建筑钢筋混凝土楼板。

②30mm厚1：3水泥砂浆找平层。

③水泥自流平。

④地板专用消音垫。

⑤企口型复合木地板。

三、实木地板（专用龙骨基层）地面构造与节点模型

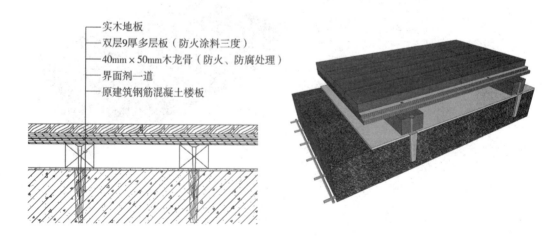

实木地板
双层9厚多层板（防火涂料三度）
40mm×50mm木龙骨（防火、防腐处理）
界面剂一道
原建筑钢筋混凝土楼板

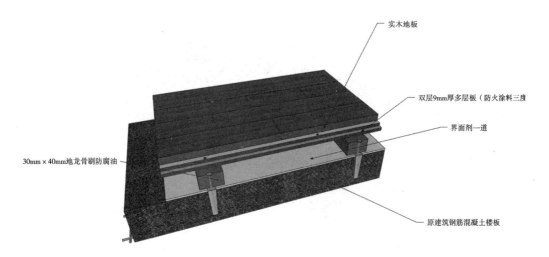

用料及分层做法：

①刷油漆（地板成品已带油漆者无此道工序）。

②30mm厚1：3水泥砂浆找平层。

③40mm×50mm木支撑（满涂防腐剂）中距800mm，两端头及底面用专用"实木地板胶"黏剂与龙骨和木垫块黏牢。

④双层9mm厚多层板背面满刷防腐剂。

注意事项：

①本作法不需要在楼板面钻孔、用专用实木地板胶黏剂黏结即可，该胶黏剂强度高，耐潮、耐温。

②设计时应考虑地板下通风，并在施工图中绘出地板通风和木龙骨通风孔位置及大样。

四、实木地板（槽钢架空）地面构造与节点模型

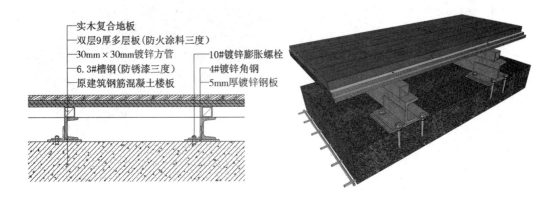

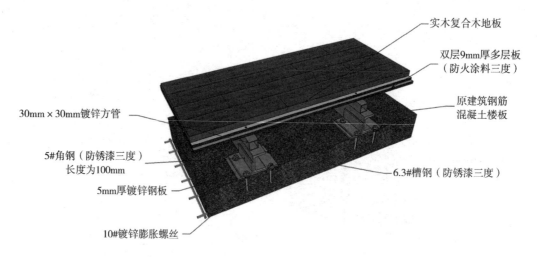

实木复合木地板

双层9mm厚多层板
（防火涂料三度）

原建筑钢筋
混凝土楼板

30mm×30mm镀锌方管

5#角钢（防锈漆三度）
长度为100mm

5mm厚镀锌钢板

6.3#槽钢（防锈漆三度）

10#镀锌膨胀螺丝

用料及分层做法：

①不需要在楼板面钻孔、射钉或预留钢筋处置子，用专用实木地板胶黏结即可，该胶黏剂强度高，耐潮、耐温。

②设计时应考虑地板下通风，并在施工图中绘出地板通风篦子和龙骨通风孔位置及大样。

注意事项：

①一般适用于舞台或讲台。

②设计要求燃烧性能为B1级时，应按消防部门有关要求加做相应的防火处理。

五、石材（有地暖）地面构造与节点模型

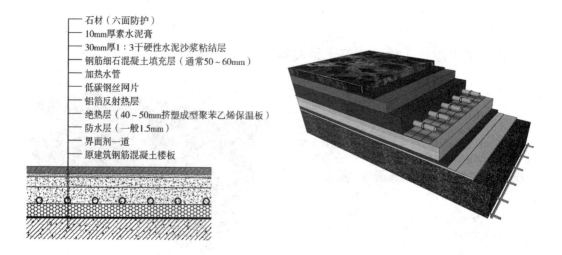

石材（六面防护）
10mm厚素水泥膏
30mm厚1:3干硬性水泥沙浆粘结层
钢筋细石混凝土填充层（通常50～60mm）
加热水管
低碳钢丝网片
铝箔反射热层
绝热层（40～50mm挤塑成型聚苯乙烯保温板）
防水层（一般1.5mm）
界面剂一道
原建筑钢筋混凝土楼板

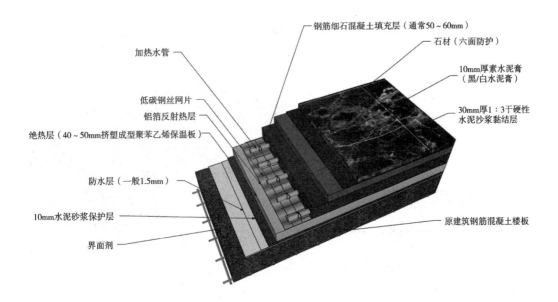

用料及分层做法：

①原建筑钢筋混凝土楼板。

②20mm厚1：3水泥砂浆找平。

③1.5mm厚JS或聚氨酯涂膜防水层。

④40mm厚聚苯乙烯泡沫塑料保温层。

⑤铺真空镀铝聚酯薄膜（或铺玻璃布基铝箔贴面层）绝缘层。

⑥铺18号镀锌低碳钢丝网，用扎带与加热管绑牢。

⑦加热管。

⑧50mm厚C20细石混凝土垫层，∅6钢筋@150。

⑨30mm厚1：3干硬性水泥砂浆黏结层。

⑩10mm厚素水泥膏。

⑪石材（六面防护）。

六、石材（有防水、有垫层）地面构造与节点模型

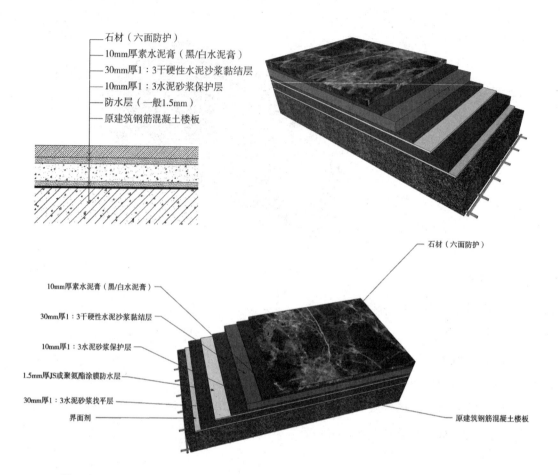

石材（六面防护）
10mm厚素水泥膏（黑/白水泥膏）
30mm厚1：3干硬性水泥沙浆黏结层
10mm厚1：3水泥砂浆保护层
防水层（一般1.5mm）
原建筑钢筋混凝土楼板

石材（六面防护）

10mm厚素水泥膏（黑/白水泥膏）

30mm厚1：3干硬性水泥沙浆黏结层

10mm厚1：3水泥砂浆保护层

1.5mm厚JS或聚氨酯涂膜防水层

30mm厚1：3水泥砂浆找平层

界面剂

原建筑钢筋混凝土楼板

用料及分层做法：

①原建筑钢筋混凝土楼板。

②30mm厚1:3水泥砂浆找平层。

③1.5mm厚JS或聚氨酯涂膜防水层。

④10mm厚1:3水泥砂浆保护层。

⑤30mm厚1:3干硬性水泥砂浆黏结层。

⑥10mm厚素水泥膏（黑/白水泥膏）。

⑦石材（六面防护）。

注意事项：

①防水完全做完后蓄水试验3～5天。

②地漏处下水方向的防水处理必须做好灌浆加实。

七、地毯地面构造与节点模型

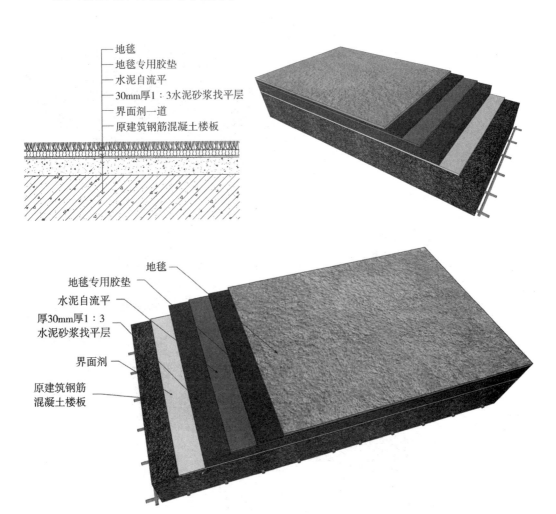

用料及分层做法：

①如在有水区域使用，细石混凝土上面还应该增加防水层。

②膨胀缝内下部填嵌密封胶。

③饰面材料墙端留10mm左右膨胀缝，填密封胶。尽可能让踢脚板遮盖。

④10mm厚地毯拼缝黏结，门口处用铝合金压边条收口。

⑤5mm厚橡胶海绵地毯衬垫。

注意事项：

①地毯品种、规格、颜色由设计人定，并在施工图中注明。

②暗管敷设时应以细石混凝土满包卧牢。

八、木地板与地毯相接地面构造与节点模型

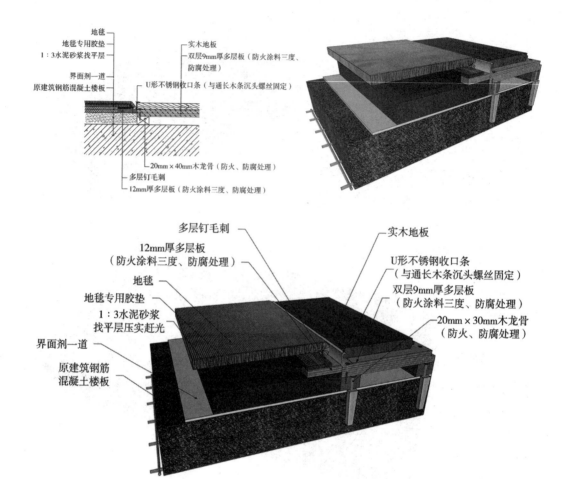

用料及分层做法：

①原建筑钢筋混凝土楼板。

②1：3水泥砂浆找平层。

③双层地毯专用胶垫。

④12mm厚多层板（防火涂料三度、防腐处理）。

⑤5mm厚多层钉毛刺。

⑥地毯。

⑦U形不锈钢收口条（与通长木条沉头螺丝固定）。

⑧20mm×30mm木龙骨（防火、防腐处理）。

⑨双层9mm厚多层板（防火涂料三度）。

⑩实木地板。

九、木地板与地砖相接地面构造与节点模型

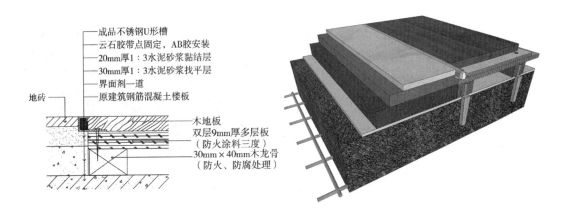

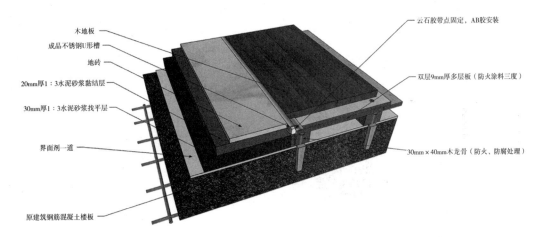

用料及分层做法：

①原建筑钢筋混凝土楼板。

②30mm厚1：3水泥砂浆找平层。

③20mm厚1：3水泥砂浆黏结层。

④地砖（8～12mm厚，干水泥擦缝或专用勾缝剂）。

⑤成品不锈钢U形槽。

⑥30mm×40mm木龙骨（防火、防腐处理）。

⑦双层9mm厚多层板（防火涂料三度）。

⑧实木地板。

十、石材与地毯相接地面构造与节点模型

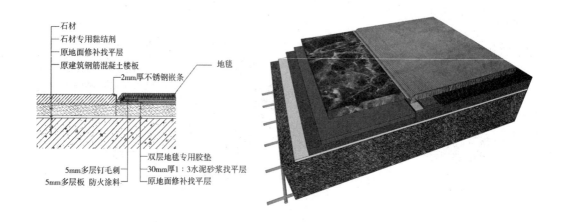

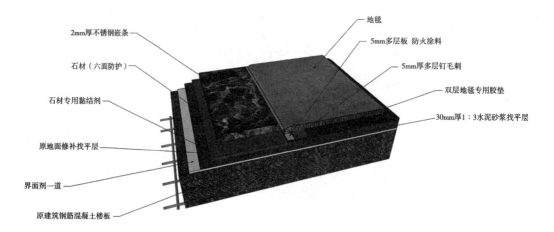

用料及分层做法：

①原建筑钢筋混凝土楼板。

②原地面修补找平层。

③石材专用黏结剂、界面剂处理涂刷。

④石材（六面防护）。

⑤原地面修补找平层。

⑥30mm厚1：3水泥砂浆找平层。

⑦双层地毯专用胶垫。

⑧5mm厚多层板 防火涂料。

⑨5mm厚多层钉毛刺。

⑩3mm厚不锈钢嵌条。

⑪地毯。

十一、石材与实木地板相接地面构造与节点模型

T形不锈钢收边条做法：

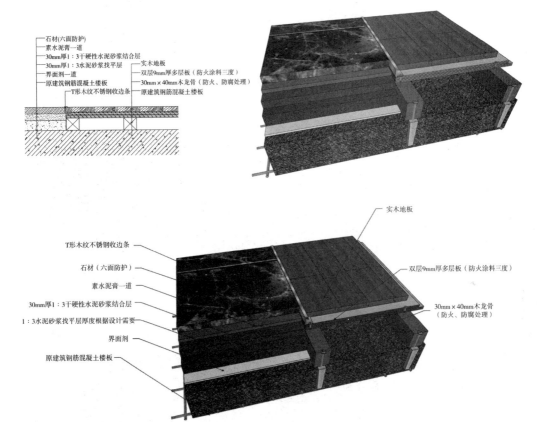

石材倒角拼接做法：

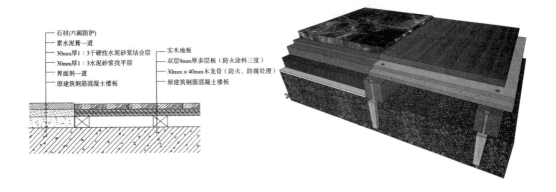

石材（六面防护）
素水泥膏一道
30mm厚1:3干硬性水泥砂浆结合层
:3水泥砂浆找平层厚度根据设计需要
界面剂
原建筑钢筋混凝土楼板

实木地板
双层9mm厚多层板（防火涂料三度）
30mm×40mm木龙骨（防火、防腐处理）

十二、木地板与玻璃（带地灯）相接地面构造与节点模型

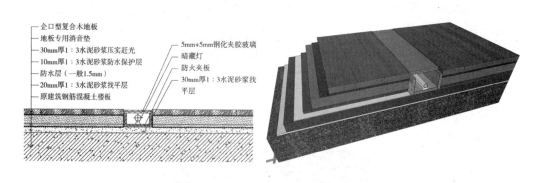

企口型复合木地板
地板专用消音垫
30mm厚1:3水泥砂浆压实赶光
10mm厚1:3水泥砂浆防水保护层
防水层（一般1.5mm）
20mm厚1:3水泥砂浆找平层
原建筑钢筋混凝土楼板

5mm+5mm钢化夹胶玻璃
暗藏灯
防火夹板
30mm厚1:3水泥砂浆找平层

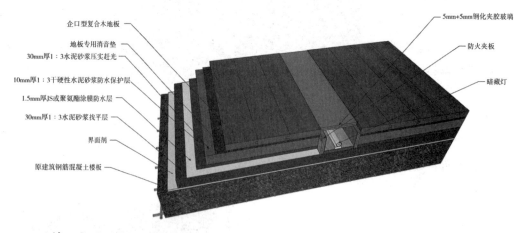

企口型复合木地板
地板专用消音垫
30mm厚1:3水泥砂浆压实赶光
10mm厚1:3干硬性水泥砂浆防水保护层
1.5mm厚JS或聚氨酯涂膜防水层
30mm厚1:3水泥砂浆找平层
界面剂
原建筑钢筋混凝土楼板

5mm+5mm钢化夹胶玻璃
防火夹板
暗藏灯

用料及分层做法：

①原建筑钢筋混凝土楼板。

②30mm厚1:3水泥砂浆找平层。

③1.5mm厚JS或聚氨酯涂膜防水层。

④10mm厚1:3干硬性水泥砂浆防水保护层。

⑤地板专用消音垫。

⑥企口型复合木地板。

⑦30mm厚1∶3水泥砂浆找平层。

⑧防火夹板。

⑨5mm+5mm钢化夹胶玻璃。

十三、地砖与不锈钢收口的地面构造与节点模型

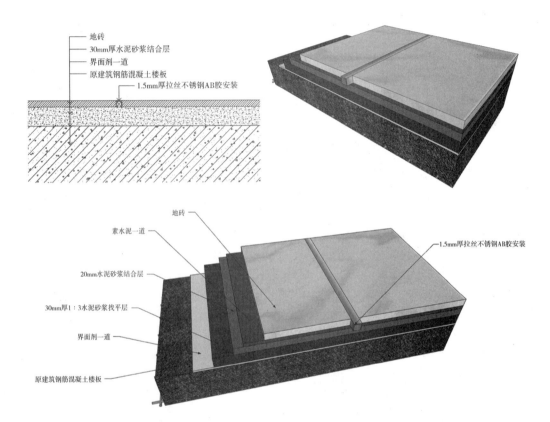

用料及分层做法：

①原建筑钢筋混凝土楼板。

②30mm厚1∶3水泥砂浆找平层。

③20mm厚水泥砂浆结合层。

④地砖（8~12mm厚，干水泥擦缝或专用勾缝剂）。

⑤1.5mm厚拉丝不锈钢/云石胶带点固/AB胶安装。

第四章　门窗装饰装修与构造节点

第一节　门窗装饰工程基本知识

在建筑装饰工程中，门窗工程是一个非常重要的组成部分。门窗的种类、数量、尺寸和风格等方面需要根据建筑物的特点和等级进行具体规划。门窗的设计不仅要考虑建筑外观的美观度，还要考虑门窗的隔音、隔热、防水、防火、防风等性能要求。不同的区域和建筑物对门窗的具体要求也会有所不同，需要根据当地的相关规定和标准来进行施工。

一、门窗的分类

门窗的种类形式多样，一般情况下按其不同的功能、不同的材质和不同的结构进行分类。

（一）按功能分类

门窗可以根据其使用功能的不同而分类，主要包括普通门窗、防火门窗、防盗门窗、安全门窗、自动门窗以及装饰门窗等。

（二）按材质分类

根据门窗所采用的不同材质，可分为多种类型，如木质门窗、铝合金门窗、塑料门窗、复合门窗、钢质门窗、全玻璃门窗等。

（三）按结构分类

根据门窗的不同结构形式，可以将其分类为推拉门窗、平开门窗、弹簧门窗、旋转门窗、折叠门窗、卷帘门窗、自动门窗等类型。

二、门窗的组成及功能

（一）门的组成与功能

一般来说，门由门框、门扇、门五金配件以及相关附件组成。门框是门与墙体连接的部分，通常由边框和上框组成，有时还有中横框和中竖框。如果门的高度超过2400mm，需要增加亮子，并增加中横框。如果门的宽度超过2100mm，则需要增加中竖框。具备保温、防水、防风、隔音等功能要求的门需要增加门槛。门扇由上、中、下的冒头和边梃组成门扇骨架，中间部分则固定门芯板、玻璃、百叶等。门五金配件包括铰链、插销、门锁、门把手等。门附件包括贴面板、筒子板等。

门是建筑中重要的构件之一，具有通行和疏散人员的功能，同时也能起到围护和隔断的作用。此外，门还可以通过设计和装饰起到美化建筑的作用，为建筑增添艺术价值。

①门的通行与疏散功能非常重要，它是连接建筑内外的主要通道，让人们可以在不同的空间之间自由出入。此外，门还可以在紧急情况下提供疏散通道，确保人员安全撤离。

②门的围护功能不仅包括保温防寒，还包括隔音、防尘、防沙等方面的作用。门在建筑中作为室内外的分界线，需要保证室内环境的质量和舒适度。因此，门的材质、结构和尺寸等方面都需要综合考虑，以达到最佳的围护效果。

③门的美化功能指的是门作为建筑装饰中的一部分，通过其造型、颜色、材料和结构方式等方面的设计，提高建筑外观和室内装修的美观度，塑造建筑物的风格和特色。因此，门的设计应与建筑整体风格相协调，同时也需要考虑到使用者的审美需求和装修风格。

（二）窗的组成与功能

窗是由窗框、窗扇、窗五金零件等组成。窗框是由边框、上框、中横框、中竖框等组成，窗扇是由上、下冒头、边梃、窗芯、玻璃等组成。

窗的主要功能有采光和通风。

①窗的主要功能之一是提供采光。不同的室内空间需要满足不同的照度要求，因此窗户的采光面积应该合适。一般来说，窗户的面积与房间地面的净面积之比可以确定是否符合照明标准。不同类型的建筑空间有不同的使用要求，因此它们的采光标准也会有所不同。

②窗的通风功能是保证室内空气质量的重要手段之一。窗的开启方式、大小、位置等因素都会影响窗的通风效果，为了让室内空气流通，窗的通风功能必须得到合理的设计与考虑。

三、门窗的制作及安装要求

（一）门窗的制作

门窗的制作过程需要注重门窗框和门窗扇的制作，其中下料和组装是关键步骤。

①下料：对于矩形门窗，应该按照纵向通长、横向截断的原则进行下料；对于其他形状的门窗，需要先放大样，保留所有杆件的加工余量。

②组装：需要确保各个杆件处于同一平面上，矩形门窗的对角线相等，其他形状的门窗需要和放大样重合。同时，还需要确保各个杆件的连接强度，预留门窗框和门窗扇之间的配合余量以及门窗框和墙洞之间的间隙余量。

（二）门窗的安装

门窗的安装对于整个建筑来说非常重要，安装不好会导致门窗出现开启不灵活、漏风漏雨等问题。在门窗安装过程中，需要注意以下要点：

①门窗的构件要按照设计要求安装，确保门窗在同一平面内。同时要遵循门窗开启方向和位置的要求，以保证其正常使用。

②门窗的安装要与墙体洞口的连接紧密，门窗框体要保持稳定，不能出现形变。门窗框体和门窗扇之间的连接要保证灵活性和密封性，同时要确保门窗之间的搭接量符合设计要求，一般情况应不小于设计量的80%。

（三）门窗的防水处理

在门窗的安装过程中，必须要进行防水处理以防止雨水渗入室内。首先，需要保证门窗与墙体之间的缝隙密封良好，并涂抹防水胶进行防水处理。同时，要设计好排水通道，避免长期浸水导致密封防水材料损坏。此外，门窗框与墙体之间还需要进行缓冲处理以防止变形产生缝隙，可在两者之间填充防腐材料。

（四）注意事项

①运输和存放门窗时，底部应该放置垫枕木，确保门窗不会受到损伤或变形。垫枕木应该表面光滑、水平并且有足够的刚性支撑。

②在安装门窗之前，要仔细检查设计节点图和结构图，核对门窗的品种规格、开启方式等是否符合设计要求。门窗的零部件、配件和组合杆件等是否齐全，并且所有部件是否有出厂合格证等。

③塑料门窗在运输和存放时不能堆放在一起，应该竖直排放，以防止弯曲或挤压。门窗之间应该用软质材料隔开，如粗麻编织物、泡沫塑料等，并且要确保门窗放置稳固。塑料门窗容易磨损或擦伤，因此在搬运、吊装和运输时，需要使用非金属的软质

材料作为垫衬，保护门窗的美观度。

④金属门窗的存放场所不能有腐蚀性物质，尤其不能有易挥发的酸性物质，如硝酸、盐酸等。此外，存放场所需要具有良好的通风性。

⑤门窗在设计和生产中只考虑了门窗本身和常规使用过程中的承载受力作用，并没有考虑其作为受力构件使用。因此，在安装门窗时不能将其用作受力构件，并且不能在门窗框体或扇面上安装脚手架或悬挂重物。

⑥选择铝合金门窗时需要注意保护其表面氧化膜和涂膜。铝合金表面的氧化膜和彩色镀锌钢板表面的涂膜具有保护金属不受腐蚀的作用，一旦被损坏就容易产生锈蚀，影响门窗的美观度和使用寿命。

⑦门窗的安装应该先预留好洞口，再将门窗安装在洞口上，而不能在安装门窗的同时进行洞口砌墙。这是因为不同材质的门窗构件组成不同，除了实心钢门窗外，大部分门窗都是空心的，墙体比较薄，容易受到锤击或挤压而弯曲或损坏。

⑧安装门窗时，可以选择使用焊接、膨胀螺栓或其他方式进行固定，但对于砖墙来说，由于其易碎的特性，射钉是不适合作为安装固定的方式。门窗的安装固定工作至关重要，不仅关系到日常使用的安全，还需要有安装隐蔽工程记录，并进行手动检验以确保安装质量的合格。

⑨门窗在安装时需要注意清理门窗表面残留的砂浆和密封胶，这些物质会黏附在门窗表面并且在干燥后很难清除，从而影响门窗的美观度。因此，在安装过程中要随时用布或棉清理门窗表面，确保其保持清洁。

第二节 装饰木门窗的构造与安装

一、装饰木门窗的开关方式

（一）木门的开关方式

木门的开启方式取决于用户的需求，常见的开启方式包括平开、推拉、折叠、弹簧和旋转等。如图4-2-1所示。

平开门　　　　　　　　弹簧门　　　　　　　　推拉门

图4-2-1　门的多种开启方式

1. 平开门

平开门是一种水平开启的门，其铰链通常安装在门的侧边。这种门有单扇和双扇、内开和外开等不同类型。平开门结构简单、开关方便，制作安装和维修维护都比较容易，因此在各种建筑物中得到广泛应用。

2. 推拉门

推拉门是一种采用上下滑轨的门，可左右滑动开关。推拉门可分为单扇和双扇两种，常见于夹墙内或墙面外，其使用空间占地较小，灵活便捷。

3. 折叠门

折叠门通常由多扇门扇组成，可沿着滑轨折叠推移到侧边。折叠门的传动方式可以很简单，只需在门侧安装铰链，也可以较为复杂，需要在门上或下方安装轨道和传动五金配件。折叠门通常用于连接两个或多个建筑空间的控制联动场合。

4. 弹簧门

弹簧门与平开门相似，但其铰链采用弹簧铰链或地弹簧传动，使门在打开后能够自动关闭。弹簧门一般为双扇玻璃门，可以向内或向外自动弹开。部分弹簧门是单扇或单向弹动，例如纱门。相较于平开门，弹簧门的构造与安装稍微复杂一些。它适用于需要频繁出入或需要自动开关的场所，通常会使用玻璃作为门扇材料。

5. 旋转门

旋转门又称风车门，由两个或多个门扇构成的门面形成一个旋转体，可以单向或双向旋转。旋转门的主要作用是有效隔离内外气流，通常用于公共建筑和需要空气调节的场所作为外门。但是，在实际应用中，旋转门两侧通常会配备平开门或弹簧门，以方便人员疏散。由于其复杂的结构、高昂的造价和占用空间较大，旋转门的使用范围相对较小。

此外还有卷帘门、升降门、上翻门等，一般适用于较大的活动空间，如车间、车库以及某些公共建筑的外门等。

（二）木窗的开关方式

木窗的开关方式有多种，可以根据实际使用需求选择。其中比较常见的包括以下几种：

①平开窗：侧边用铰链传动、水平开关的窗体，有单扇、双扇、多扇及内开、外开之分。这种窗型制作简单，开关灵活，常用于一般建筑。

②固定窗：不能开关的窗，一般只用作采光和观望。制作简单，一般将玻璃直接安装在窗框内。

③推拉窗：分为水平推拉和垂直推拉两种。水平推拉窗通常有上下放置的槽轨，打开时两窗扇或多窗扇重叠；垂直推拉窗需要安装滑轮和平衡装置。现实情况下，木推拉窗在国内用于外窗的情况较少见，一般用于室内传送窗的情况较多。

④百叶窗：用木板条、塑料或玻璃条制成，有活动和固定两种，主要用于通风和遮阳。

⑤横式悬窗：按照转动铰链和转轴位置的不同，有上悬式、中悬式和下悬式旋窗之分。上悬式和中悬式旋窗通常是外开，防雨效果好，适合用于外窗；下悬式旋窗不能防雨，不适合用于外窗。这三种旋窗都有利于通风，常用于高窗或门上窗，制作较为简单。

⑥立体转窗：一种竖直旋转的窗型，其转轴通常设置在上部或下部，使窗体能够自由旋转。转轴可以位于窗体中心或侧面，具体取决于设计需求。在选择玻璃时，可以选择较大的玻璃面板，以实现更好的采光和视野。立体转窗的构造相对复杂，需要注意密封性和防水性，以确保室内环境的舒适和安全。

二、装饰木门窗的构造与安装

（一）木门的基本构造

门的构造主要是由门框和门扇两部分组成，当门的高度较高时可以增设亮子。各类门的门框构造基本相同，但门扇有较大的区别。

①门框是门的骨架，由冒头和框梃组成，而门扇则有两种类型：镶板式门扇和蒙板式门扇。如果门高度较高，可以增加亮子。门框的各个部位采用榫眼连接，其中冒头和框梃的连接是通过在冒头上打眼，再在框梃上采用榫结构，而框梃和中贯横档的连接则是通过在框梃上打眼，再在中贯横档两端采用榫结构实现。

②门扇是门的可动部分，通常由木板、玻璃等材料制成。门扇的设计和材料的选

择对门的外观和功能都有很大的影响。一般来说，门扇可分为两种类型：镶板式门扇和蒙板式门扇。

镶板式门扇由门扇框和门芯板组成，门芯板嵌入门扇框内缘的凹槽中。门扇框由上、中、下冒头和门扇梃组成，门扇梃和上冒头的连接采用榫眼连接，门板则安装在门扇梃和门扇冒头之间。安装门板时，门芯板需要嵌入槽中，并留出一定的间隙以防止门芯板受潮膨胀导致门扇变形或翘鼓。这种构造方法可节约门芯板材料，但门扇框的木方用量较大。

蒙板式门扇和镶板式门扇最大的不同在于，蒙板式门扇的骨架结构是由横向和竖向的方木组成，它们之间通常使用单榫结构连接。相比之下，蒙板式门扇使用的木材更少，但其骨架结构相对较弱，因此需要使用更厚的门板来加强门扇的稳定性。门板与骨架结构之间有一定的间隙，以防止门板受潮膨胀。如门扇较大其内部骨架也会采用钉胶结合的连接方式。如图4-2-2所示。

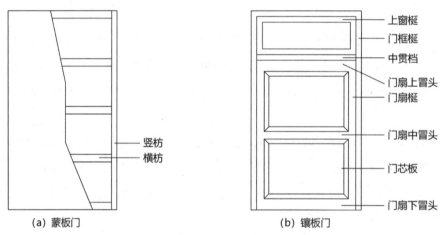

(a) 蒙板门　　　　　　　　　　(b) 镶板门

图4-2-2　木门的构造形式

（二）木窗的基本构造

木质窗户是由窗框和窗扇两部分构成，窗框由窗梃、上冒头、下冒头等木材组成，若窗户较高需要增加中贯横档。窗扇则由上下冒头、扇梃和扇梃组成，玻璃则安装在冒头、窗扇梃和窗梃之间。木质窗的连接结构与门类似，都采用榫卯结构连接。通常在扇梃上开眼，在冒头上做榫结构。窗框和窗梃的连接方式也相同，在窗梃上开眼，在窗梃上做榫结构。在室内装修中，木质窗户有固定式和可开启式两种，固定式窗户没有活动的窗扇，窗梃直接与窗框连接；可开启式窗户则分为全开和半开式。

（三）装饰木门窗的安装

门窗框的安装方法有先立口法和后塞口法两种，其具体做法如下。

1. 先立口法

先立口法是指在砌墙前按照设计要求将门窗框立直、找正并固定。在砌墙至地面时，立门框；在砌墙至窗台时，立窗框。在立口之前，需要根据施工图纸上门窗的尺寸和位置，在地面和墙面上画出门窗的中线和边线，并将窗框放置在相应位置上进行临时固定。使用线锤和水平尺进行找正，并检查标高是否正确，如有不平不直的情况，需要立即进行调整。临时支撑不要提前拆除，待砌墙完成后再拆除。

在砌墙施工期间，不能碰触门窗框的支撑，并根据实际情况随时对门窗框进行校正，以防止门窗框发生位移和歪斜等情况。同一面墙上的门窗框需要安装整齐、在同一平面和立面上。施工过程中，可以先立好两端的门窗框，然后在之间拉线，其他门窗框按照通线位置竖立，以确保门框和窗框的标高一致。在立框时需要特别注意门窗的开启方向，同时要注意施工图纸上门窗框是在墙中还是在贴墙的里皮，如是与墙里皮齐平，门窗框的位置应该出里皮墙面20mm左右，这样在完成抹灰后，门窗框正好可以与完成面齐平。

2. 后塞口法

在使用后塞口法进行砌墙时，为了安装门窗，需要提前根据施工图纸的尺寸位置留出洞口，并且这个洞口的长和宽要比门窗的实际尺寸各大30～40mm。在砌墙时，需要在洞口的两侧砌入木砖，每边砌入2～3块木砖，并且这些木砖的大小最好是半砖大小，而且它们之间的距离不应该超过1.2m。

在安装门窗框时，需要将门窗框塞入门窗洞口内，并使用木楔子进行临时固定。然后，使用线锤和水平尺进行校正，确保门窗框的水平和垂直方向都正确。接下来，需要将门窗框钉在木砖上，每个木砖上需要钉入两颗钉子，并将钉帽砸扁冲入门窗框内，以确保门窗框牢固稳定。

（四）门窗扇的安装

1. 施工前准备

在安装门窗扇之前，需要检查门框的上、中、下三部分的宽度是否一致。如果宽度相差超过5mm，需要进行修正，以确保门框的宽度一致。同时，需要核对施工图纸，确认门窗的开关方向，并在门框上标上相应的记号，以避免将扇面装错。

在安装扇面之前，需要测量门窗框口的净尺寸，并考虑到风缝的大小，再次确认扇面的高度和宽度。如果有问题，需要进行适当的修刨。同时，需要将门扇固定在门窗框中，并检查与门窗框的契合松紧度。由于门窗框和扇面都有干湿膨胀的属性，并且需要有油漆和打底层的厚度，因此在安装时需要留出一定的缝隙。一般情况下，门扇和窗户对口处的竖缝需要留出2mm的宽度，并按此尺寸进行修整和刨平。

2. 施工注意点

在安装门窗扇时，需要注意以下几点：首先，将修刨好的门窗扇临时立于门窗框中，画出铰链位置并剔除铰链页槽，注意页槽深浅的区别，保证铰链和门窗扇平整安装。其次，安装铰链，拧紧一颗螺丝钉将扇面挂上，检查缝隙和平整度，待检查合格后再将剩余螺丝钉全部上齐。门窗扇安装好后要试开，以开到什么角度就停在哪里为合格，不能自开或自关。如果门窗扇在高度或宽度上有短缺，需要在下面或一侧补钉板条。对于平开窗，为了方便开关，可以将上下冒头刨成斜面。门窗安装后容易出现的质量问题主要有关不拢和坠扇两种情况，需要注意缝隙均匀、坡口大小、安装位置和平整度。门窗安装中的质量通病、原因分析及矫正方法，见表4-2-1所示。

表4-2-1　装饰木门窗安装中常见质量通病、原因分析及矫正方法

质量通病	原因分析	矫正方法
关不拢的情况	缝隙不均匀造成的关不拢： 门窗扇制作尺寸有误差； 门窗在安装时有误差； 门窗在侧边与门框蹭口，窗扇在侧边或底边与框蹭口	出现这种情况，需要对门窗和窗扇用细刨进行修整刨平
	门窗扇坡口太小造成关不拢： 门窗扇开关时扇边蹭口； 安装铰链的扇边蹭到框的裁口边缘	安装时按规定距离扇的四边刨出坡口，这样门窗扇就易关拢； 把蹭口的扇边坡口再刨多一些，一般坡口大约为2°～3°
	门窗扇不平造成的关不拢①： 这是由于门窗框安装得不垂直，使得门窗扇安装后能自动打开	必须把门窗框找正找直，否则不能完全排除问题； 向外移动门窗扇上的铰链，可以减少问题程度
	门窗扇不平造成的关不拢②： 由于制作不当门窗扇扭翘不平，关上后有一个边角关不拢； 木材没干透，做成成品后木材干缩性质不均匀，门窗扇不平	在扇面的榫处加一个楔子； 调整铰链的位置，减轻门窗的扭翘不平的程度； 情况严重的要重新制作门窗扇
坠扇的情况	门窗扇安装玻璃后质量增加，使门窗扇本身的结构出现变形而造成； 门窗安装的铰链强度不够而变形造成； 安装铰链的木螺丝过小或是安装方法不正确造成； 在制作时，由于榫头宽窄厚薄都小于划线尺寸，而加的楔子又不饱满的情况造成	在扇的边和冒头处设置铁三角，用来增加抵抗下垂的能力； 装饰门采用尼龙无声铰链，装饰窗可以用大铰链； 安装铰链用的木螺丝钉宜采用粗长的规格，而且不能将木螺丝钉全部钉入木内，要将木螺丝钉逐丝拧入木内。在硬质木材上钉木螺钉时，要先钻眼，孔深为木螺钉长度的2/3左右； 在榫眼位置补加楔子

第三节 铝合金门窗的构造与安装

铝合金门窗是一种经过表面处理的型材，通过下料、打孔、铣槽等工艺加工成的结构件，然后再和密封件、连接件、五金件等组装而成。相比于钢门窗和木门窗，铝合金门窗在造型、密封性和耐久性等方面具有明显的优势，因此在公共建筑、高层建筑和民用建筑等领域得到广泛应用。

一、铝合金门窗的特点、类型和性能

（一）铝合金门窗的特点

铝合金门窗具有许多独特的特点。首先，它的重量轻、强度高，采用空腹薄壁的组合断面形式制作，确保了使用强度的同时减轻了自身的重量。其次，铝合金门窗的密封性能优秀，具有较好的气密性、水密性和隔声性。再次，铝合金门窗形变性小，采用冷链接方式制作，横竖杆件之间及五金配件的安装都采用铝钉、螺钉或螺栓连接，使得门窗构造更为牢固。此外，铝合金门窗的耐蚀性好，能够抵抗一般的酸碱盐腐蚀，使用寿命长。铝合金门窗还具有良好的使用性能，开关轻便、维护简单，美观大方，能够为建筑物增添一份雅致和高贵。最后，铝合金门窗的色调美观，经过氧化着色处理，可以呈现出银白色、金黄色、青铜色、古铜色等不同色调和纹理，使其更加美观大方。

（二）铝合金门窗的类型

铝合金门窗有多种类型，包括平开门窗、推拉门窗、回转门窗、固定窗和悬挂窗等。它们的型材截面尺寸不同，常见的系列有25、40、50、60、70、80、90、100、135、140和170。门窗的壁厚应该合理，一般情况下装饰窗料的板壁厚度不能小于1.6mm，门的壁厚不能小于2.0mm。

铝合金门窗的氧化膜颜色有银白色和古铜色等，具有美观的外观。氧化膜的厚度要满足设计要求，并考虑施工地区的气候条件、使用部位和建筑等级等多个因素，如沿海地区氧化膜应该厚一些以抵御海风的侵蚀。

（三）铝合金门窗的性能

铝合金门窗的性能特点包括保温、隔声、气密、水密和抗风压强度。

保温性能是指门窗在内外温度差异的情况下，能否缓慢传递热量；隔声性能是指门窗能否有效隔绝外界噪音；气密性是指门窗在关闭状态下，能否有效阻止空气渗透；水密性是指门窗在暴雨天气下，能否有效防止雨水渗透；抗风压强度是指门窗在风压作

用下，能否保持稳定，避免发生安全事故。这些性能指标在不同的地区和使用环境下具有不同的重要性，因此在选择门窗时需根据实际需要进行综合考虑。

二、铝合金门窗的组成与安装

（一）铝合金门窗的组成

铝合金门窗的主要由型材、密封材料门窗五金配件组成。

1. 型材

铝合金门窗的质量取决于其框架所使用的铝合金型材。因此，铝合金型材的质量至关重要，直接影响门窗工程的品质。在选择铝合金型材时，需要注意以下几点：

①型材表面应该保持清洁，没有裂纹、起皮或腐蚀现象。在铝合金的装饰面上不能有气泡。

②普通精度铝合金型材的装饰面上如有碰伤和擦伤，其深度不能超过0.2mm。而由生产模具造成的挤压伤痕深度则不能超过0.1mm。高精度铝合金型材的面层伤损深度，非装饰面不能大于0.25mm，装饰面则不能大于0.1mm。

③铝合金型材经过表面处理后，其表面应该形成一层厚度不小于20μm的氧化膜保护层。而且，氧化膜的颜色应该均匀一致。

2. 密封材料

铝合金门窗安装密封材料的品种较多，其用途与特性也各不相同，见表4-3-1所示。

表4-3-1　铝合金门窗安装密封材料

密封材料品种	密封材料特征和用途
密封垫	用于门窗框和外墙板接缝密封
聚氯酯密封膏	变形能力为25%，适用于±25%接缝变形位移部位的密度
聚硫密封膏	变形能力为25%，适用于±25%接缝变形位移部位的密度，使用寿命长
聚硅氧烷密封膏	性能全面，变形能力达50%，高强度、耐高温
膨胀防火密封件	主要用于防火门窗、遇火后会膨胀密封其缝隙
水膨胀密封膏	遇水后可膨胀将缝隙填满
防污纸质胶带	用于保护门窗料表面，防止表面污染
底衬泡沫条	一般和密封胶配套使用、在缝隙中能随密封胶变形而变形

3. 五金配件

五金配件是实现门窗使用功能的重要组成，也是组装铝合金门窗不可缺少的装置构件，见表4-3-2所示。

表4-3-2　铝合金门窗五金配件

五金配件名称	五金配件用途
双头通用门锁	装配暗藏式弹子锁，可以内外开关，适用于铝合金平开门
推拉门锁	有单面和双面两种，可作推拉门窗的拉手和锁闭器使用
滑撑铰链	能保持窗扇在90°开启位置自动定位
滑轮/滚轮	适用于推拉门窗55、70、90系列
地弹簧	装在铝合金门下部，提供缓速自动关门功能，可以在一定开启角度位置定位
联动执手	适用于密闭型平开窗的开关，在窗上下处联动扣紧
铝合金平开窗执手	适用于平开窗，上悬式铝合金窗的开关
推拉窗执手	适用于推拉窗的开关，分左右两种形式

①平开窗使用不锈钢制品作为窗铰链，钢片厚度必须大于等于1.5mm，并且带有松紧调节装置。滑块部分采用铜制品，执手为铝合金制品，并经过氧化处理或用锌合金压铸表面镀锌或覆膜。

②门的地弹簧采用不锈钢面或铜面制品，安装前要调整好开关速度，并确保液压部分没有漏油现象。暗插件为锌合金压铸件，表面经过镀铬或覆膜处理。门锁为双面可开关的锁，门拉手的造型可以根据需求而定，除了满足正常推拉等使用功能外，也要具有较高的装饰效果。

③推拉窗的拉锁规格必须与窗户的规格相匹配，通常使用锌合金压铸制品，表面镀铬或覆膜，也可以使用铝合金拉锁表面进行氧化处理。滑轮通常采用尼龙滑轮，滑轮架一般为镀锌钢制品。

（二）铝合金门的装配

1. 料具的准备

①材料准备，主要准备制作铝合金门的所用材料、配件等，铝合金型材、不锈钢、门锁、滑轮、螺钉、拉铆钉、地弹簧、连接板铁、压条、橡皮条、玻璃胶、木楔子、尼龙毛刷等。

②工具准备，主要准备制作和安装中所用的工具，切割机、手电锯、扳手、角尺、吊线锤、打胶筒、水平尺、玻璃吸盘等。

2. 门扇的制作

①在选材时，应根据门的设计要求选择符合刚度、强度和装饰性的铝合金型材，并考虑型材的表面色泽和壁厚等因素。不同使用部位需要不同规格的型材，如推拉、开

关和自动门等。下料时需要使用合金锯片切割机严格按照设计要求的尺寸进行切割。

②门扇的组装需要按照一定的工序进行。首先在上竖梃拟安装横档部位，使用手电钻进行竖梃钻孔，钻孔应采用大于钢筋直径的孔径，并使用钢筋螺栓连接。角铝连接的部位应根据实际情况选择靠上端或靠下端，角铝规格通常为22mm×22mm，钻孔直径应小于自攻螺丝。两边框的钻孔部位应一致，以避免出现横档不平的情况。

门扇节点的固定方式是使用螺纹钢筋固定上下冒头，使用角铝自攻螺栓固定中冒头。具体做法是先将角铝通过自攻螺栓连接在门扇的两侧，然后将上下冒头穿入套扣钢筋，将套扣钢筋深入边梃的钻孔中，最后将中冒头套在角铝上。接着，拧紧上下冒头的螺丝，并在中冒头上用手电钻进行钻孔，最后使用自攻螺丝将中冒头固定在角铝上。

门锁的安装通常分为两个步骤：首先需要在门上拟定好锁孔的位置，然后使用手电钻钻孔并用曲线锯切割出锁孔形状。门锁在门的边梃两侧需要精准对位，因此一般先安装好门扇面，再进行门锁的安装。

3.门框的制作

①选料与下料，根据门的尺寸大小选用适合的铝合金型材，如50mm×70mm、50mm×100mm等，并按照设计尺寸进行下料。

②门框组装，在门上框和中框的边框上钻孔，然后使用角铝进行安装，方法和门扇的固定相同。接着将上框和中框套在角铝上，并使用自攻螺丝进行安装和固定。

③连接件配置，在门框上的左右两侧配置扁铁连接件，扁铁连接件和门框用自攻螺丝拧紧，安装间距为150~200mm。

4.铝合金门的安装

铝合金门的安装工序为安装门框→填塞缝隙→安装门扇→安装玻璃→打胶清理等。

①门框的安装可以按照以下步骤进行。首先在抹灰之前将组装好的门框就近立在边上，并使用吊线锤进行找直和卡位，确保门框方正且水平、垂直度符合要求。标准是以两条对角线相等为基准。接着使用射钉枪将射钉打入墙柱梁上，将门框固定在墙柱梁上并连接连接件。在门框的下部，需要将其埋入地下30~150mm中，以保证门框的稳固。

②门框固定好后，需要进行进一步的检查以确保其平整度和垂直度。确认无误后，应该清扫边框处的浮土，并在基层上洒水湿润。然后使用1:2的水泥砂浆，分层填塞门口与门框之间的缝隙，直至填充完整并达到一定的强度。等待填灰到达一定的强度后，再去除之前用于固定门框的木楔，并抹平其表面，使其与门框表面齐平。

③安装门扇，门扇和门框是按同一门洞口尺寸制作的，在一般情况下都能进行顺利安装，要求周边密封、开关灵活。固定门可以不另外做门扇，在靠地面处竖框中间位置安装脚踏板。活动门一般有平开门、推拉门、弹簧门等，内外平开门是在门上框钻孔装入门轴，门下地里埋设地脚、装置门轴。推拉门是在上框内导轨和滑轮，也有在地面做滑轨在门扇下冒头处做滑轮。弹簧门的上部做法和平开门一样，下部做法是埋设地弹簧，地弹簧埋设后要与地面做平，然后灌胶细石混凝土再抹平地面层。地弹簧的摇臂和门扇下冒头两侧拧紧。

④安装玻璃，需要考虑门框的规格、颜色以及整体装饰效果等因素。通常会选择5～10mm厚的普通玻璃或10～22mm厚的中空玻璃来进行安装。在裁切玻璃时，需要根据门框内口的实际尺寸来计划用料，以减少废料的产生。会将裁切后的玻璃分类堆放，并采用随切随装的方式来安装面积较小的玻璃。在安装玻璃时，需要先将门框上的保护胶纸撕下，并在需要安装玻璃的位置塞入胶带。接着，可以使用玻璃吸盘将玻璃装入门框内。在安装过程中，需要确保玻璃的前后垫实，并且缝隙要一致。最后可以使用橡胶条密封或用铝压条拧十字圆头螺丝进行固定。

⑤打胶清理，在进行安装大片玻璃和框扇的接缝处时，需要使用玻璃胶筒将玻璃胶填充到接缝中。安装完成后，需要使用干净的抹布擦拭表面，以清除多余的胶水和其他污垢。完成清洁后，可以将安装好的玻璃和框扇交付使用。

5.拉手的安装

通常情况下，我们会使用双手螺杆将门拉手固定在门扇边框的两侧，这样就完成了铝合金门的安装。安装门拉手之后，整个安装过程基本完成。

（三）铝合金窗的装配

1.组成材料

铝合金窗分为平开窗和推拉窗两种类型，不同类型的窗户需要选用不同规格的铝型材和对应的五金配件。

①推拉窗的组成材料有窗框、窗扇、五金件、连接件、玻璃和密封材料。

铝合金窗由上下滑道和两侧边封组成，全部采用铝合金型材制作。窗扇由上下横档、边框和带钩边框组成，所有部分均采用铝合金型材，而密封边条则带有毛边条。五金件主要包括装在窗扇下横档内的导轨滚轮和安装在窗扇边框上的窗扇钩锁。连接件则用于连接窗框和窗扇，通常使用2mm厚的铝角型材和M4×15mm的自攻螺丝。窗扇玻璃通常采用5mm厚的普通玻璃。窗扇和玻璃的密封材料通常采用玻璃胶或橡胶密封条。这两种密封材料不仅起到密封作用，还可以固定窗扇玻璃。使用玻璃胶固定窗扇玻璃，黏合牢固，不受封口形状的限制，但更换玻璃时较难清理。使用橡胶密封条固定窗扇玻璃，则安装和拆卸相对容易，但橡胶条容易老化，时间久了会从封口处掉落。

②平开窗的组成材料和推拉窗的组成材料大致相同。

铝合金窗的构成主要包括窗框和窗扇。窗框由铝合金型材组成，包括上滑道、下滑道和两侧边封，中间则使用工字型窗料型材。窗扇由窗扇框料、玻璃压条和密封用橡胶压条组成。对于平开窗，常用的五金件包括窗扇拉手、风撑和窗扇扣紧件等。窗扇和窗框的连接件主要采用2mm厚的铝角型材和M4×15mm的自攻螺丝。玻璃方面，窗扇玻璃常用5mm厚的普通玻璃。

2. 施工机具

制作和安装铝合金窗需要使用各种施工机具。其中包括铝合金切割机、手电钻、φ8圆锉刀、R20半圆锉刀、十字螺丝刀、划针、铁脚圆规、钢尺、钢角尺等。这些工具用于处理和加工铝合金型材和五金配件，保证窗户的精度和质量，都是必不可少的。

3. 施工前准备工作

在铝合金窗施工前，需要做好各种准备工作。其中包括复核检查窗的样式、尺寸和数量，检查铝合金型材的规格和数量，以及检查铝合金窗五金件的规格和数量。

4. 铝合金推拉窗的安装

①窗框的安装。需要把砖墙的洞口修整平，窗洞口的大小要比窗框略大25～35mm。在窗框上安装角码或木块，每条边上各安装两个角码，并用水泥钉钉固在窗洞墙内。铝合金窗框必须水平和垂直校正后，用木楔块将窗框临时固定在窗洞中。为了防止损伤铝合金表面，需要在窗框周边贴上保护胶带纸，完成水泥周边塞口工序后再撕去。水泥浆要有较大的稠度，用灰刀将其压入填缝中，填好后窗框周边要抹平。

②窗扇的安装。需要先检查密封条是否完好无损，如有缺失要及时补充，然后将窗扇托起，使其顶部插入窗框上滑槽中。调节窗扇的滑轮位置，先拧旋边框侧的滑轮调节螺丝，使滑轮向下横档内回缩，然后拧旋滑轮调节螺丝，使滑轮从下横档内外伸。滑轮外伸幅度应使毛条与窗框下滑面接触，并确保窗扇能在轨道上顺畅移动。注意，安装窗扇时要轻拿轻放，避免损坏密封条或窗扇框料。

③安装上窗玻璃时，需要留出约5mm左右的空隙，使其尺寸比窗框内侧尺寸稍小。这是因为当玻璃受热膨胀时，如果与内框直接接触，可能会导致玻璃破裂。安装时，需要将上窗铝压条的内侧取下，将玻璃安装到窗框内，再重新安装上窗铝压条并紧固螺丝。

④窗钩锁挂钩的安装。安装窗钩锁时，需要将挂钩安装在窗框的边封凹槽内，并确保挂钩的安装位置和尺寸与窗扇上挂钩锁洞的位置相匹配。通常情况下，挂钩的钩平面应该安装在锁洞处的中心线位置。在对应的位置上，在窗框边封凹槽内划线打孔。钻孔直径一般为4mm，然后使用M5自攻螺丝将锁钩进行临时固定。接下来，移动窗框到窗框边封槽内，并检查窗扇锁是否能够与锁钩对接并锁定。

5.铝合金平开窗的安装

①使用水泥浆填补安装铝合金平开窗的位置处墙面上的洞口。窗口的尺寸比窗框大约30mm。接着在每个铝合金平开窗框的周围，安装镀锌锚固板。要根据锚固板的长度和宽度确定所需安装的数量，每个边缘至少要安装两个锚固板。

②将铝合金窗框安装到窗洞中时，需要进行水平度和垂直度的调整。为此可以使用木楔块将窗框暂时固定在窗洞中，并进行校正。然后使用水泥钉将镀锌锚固板固定在窗洞的墙壁上，以固定窗框。

③在安装完铝合金窗框后，需要在其边缘处黏上保护胶带纸，并用水泥浆对其周围进行填补和修平。待水泥浆固结后，撕去保护胶带纸即可完成。

④对于固定式上窗的安装，可以将玻璃直接安装在窗框的横向工字形铝合金上，再使用玻璃压线条固定玻璃，并使用橡胶条或玻璃胶进行密封。而对于可开启的上窗，则需要先安装窗扇，然后在上窗顶部安装两个铰链，在下部安装一个风撑和一个拉手。

⑤安装风撑和执手。风撑和执手是窗户的重要配件，风撑常用规格有60°和90°两种，用于支撑窗扇并调节开关角度。执手手柄装在竖向工字形铝合金料内侧，两扇窗各装一个，用于关闭窗扇。风撑和执手的安装都需要在窗框架连接后进行，风撑基座用铝抽芯铆钉固定在窗框内边，每个窗扇上下两边都要各装一个。

⑥窗扇和风撑之间有两个连接点，分别是风撑的滑块和支杆。这两个连接点位于一个连杆上，并与窗扇框进行固定。在固定连杆和窗扇框之前，需要移动连杆，使风撑达到最大开启角度。

⑦安装拉手时，在窗扇框的中部用锉刀锉出一个缺口，按拉手尺寸钻孔，用自攻螺丝固定拉手。安装玻璃时，将其放入窗扇框内并卡在卡槽上，用密封橡胶条压在玻璃边缘。玻璃尺寸要小于窗扇框内边尺寸15mm左右。

在安装铝合金平开窗时，斜角对口的安装非常重要，需要确保角度和尺寸的精准度和加工精细度。如果斜角对口不密合，可以使用与铝合金相同颜色的玻璃胶进行补缝。在安装铝合金平开窗与墙面洞口时，有两种方法可选。一种是先安装窗框架，再安装窗扇；另一种是先组装整个平开窗，再将其安装到墙面窗洞中。具体采用哪种方法应根据实际情况而定。

<h1 style="text-align:center">第四节　塑料门窗的构造与安装</h1>

塑料门窗是一种采用聚氯乙烯等树脂材料制成的空腹异型材，其中添加了适量的助剂和改性剂。为提高其牢固性和抗风能力，门窗内嵌装有铝合金型材或型钢。塑料门窗具有气密性、水密性、耐腐蚀性、隔声、阻燃、隔热保温、耐低温和电绝缘性等良好的综合性能，是广泛应用的建筑节能产品。根据所选用的原材料不同，塑料门窗可分为以聚氯乙烯为主要原料的钙塑门窗（U-PVC门窗），以改性聚氯乙烯为主要原料的改性聚氯乙烯门窗（改性PVC门窗）和以合成树脂为基料、玻璃纤维为增强材料的玻璃钢门窗。

一、塑料门窗的材料组成

（1）塑料异型材和密封条等原材料要符合国家相应标准的有关规定。

（2）塑料门窗的五金件、紧固件、增强型钢、固定片和金属衬板等配件需要符合一定要求：

①进行表面防腐处理。

②五金件的型号、规格、性能应符合国家标准，滑撑铰链不可使用铝合金材料。

③紧固件的尺寸、公差、螺纹、十字槽、机械性能及镀层金属种类、厚度等技术条件均需符合国家标准。

④固定片的厚度不得低于1.5mm，最小宽度不得小于15mm，应选用冷轧钢板，并对其表面进行镀锌处理。

⑤组合窗及连窗门的拼樘料应采用与其内腔结构相符的增强型钢材作为内衬，型钢两端应多出拼樘10～15mm。外窗的拼樘料截面尺寸、型钢形状、壁厚需要能够承受住瞬时风压值。

⑥使用全防腐型塑料门窗需要选用相应的防腐型五金件和紧固件。

（3）塑料门窗所使用的玻璃和玻璃垫块需满足以下条件：

①玻璃必须符合国家产品标准和规定的品种、质量和规格，并必须有出厂合格证和检测报告等相关证明文件。

②玻璃的安装尺寸应该比对应的扇内口尺寸小约5mm左右，以便于安装，同时还能够确保阳光照射时的膨胀不会导致破损或开裂。

③玻璃垫块必须采用塑料或硬橡胶材料，而不能使用吸水性材料、硫化再生橡胶或木片等材料。其长度应在80～150mm之间，厚度则应根据框扇和玻璃之间的间隙而定，通常为2～6mm。

（4）一般来说，门窗洞口与框架之间的空隙需要进行密封处理，通常使用的是具有良好弹性和黏结性能的建筑密封胶（嵌缝膏）来进行填充。

（5）与聚氯乙烯塑料直接接触的五金件、紧固件、密封条、玻璃垫块、建筑密封胶等材料的性能需要具备与PVC塑料相容的特性。

二、塑料门窗的安装

（一）安装施工前准备

（1）安装材料主要有塑料门窗、门窗框等成品件并配有齐全的五金件。辅助材料包含木螺丝、平头机螺丝、塑料胀管螺丝、自攻螺丝、钢钉、木楔、密封条、密封膏、抹布等。

（2）塑料门窗在安装时用到的主要机具有冲击钻、射钉枪、螺丝刀、吊线锤、钢尺、灰线包、锤子等。

（3）施工现场准备

①门窗洞口的质量检查需要按照设计要求检查尺寸，若没有设计要求，则门洞口高度应为门框高加20mm，门洞口宽度应为门框宽加50mm，窗洞口高度应为窗框高加40mm，窗洞口宽度应为窗框宽加40mm。洞口表面平整度、正侧面垂直度和对角线允许偏差均为3mm。

②门窗洞口的质量检查应确保其位置、标高与设计要求相符合。此外，需要检查洞口内预埋木砖的位置和数量是否准确。

③按照设计要求弹好安装位置线，并根据需要准备好相应的安装脚手架等设备。

（二）塑料门窗的安装

相对于木门窗和钢门窗，安装塑料门窗的技术难度较高。这是因为塑料门窗具有较大的热膨胀性，弯曲弹性较小，并且通常需要在现场进行成品安装。因此，如果安装不当，会导致塑料门窗受损或变形，从而影响其使用功能、装饰效果和耐久性。

塑料门窗的安装施工工艺流程为：门窗洞口处理→找规矩弹线→安装连接件→塑料门窗安装→门窗四周嵌缝→安装五金配件→清理。施工工艺要点如下。

1. 门窗框和墙体的连接

连接塑料门窗框与墙体的固定方法通常有三种：连接件固定法、直接固定法和假框固定法。

①连接件固定法是目前应用较广的一种门窗框与墙体连接方法。这种方法采用专门制作的铁件将门窗框和墙体连接在一起，既能确保门窗的稳定性，又具有经济实惠的优点。具体固定步骤是将塑料门窗放入门窗洞口内，用木楔进行临时固定，再将固定在门窗框型材靠墙一面的锚固铁件用螺钉或膨胀螺栓钉固定在墙上。

②直接固定法是在门窗洞口的位置处预埋木砖，然后在安装塑料门窗时，将门窗放入洞口并定位，再用木螺钉将门窗框和预埋木砖直接固定在墙体上。这种方法相对于其他方法来说，更为简单直接，不需要使用额外的连接件，但需要在砌筑墙体时就预留好固定点。

③假框固定法是将一个与塑料门窗框相同尺寸的金属框固定在门窗洞口内，然后在抹灰装饰完成后将塑料门窗框直接安装在金属框上，最后使用盖口条进行装饰，以便遮盖接缝和边缘部分。

2. 连接点位的确定

确定塑料门窗框和墙体之间的连接点数量和位置，需要考虑两个方面：一是塑料门窗的伸缩变形性，即在不同的温度和湿度下，门窗框会发生伸缩变形；二是力传递性，即门窗框需要能够承受墙体对其施加的力，并将这些力传递到墙体上。

①连接点数量的确定要考虑到防止塑料门窗在风压、温度应力及静荷载等作用下可能发生变形的情况。

②连接点位置的确定要考虑到能使门窗扇通过合页作用于门窗框的力尽可能地直接传递到墙体上。

③连接点数量和位置的确定需要考虑门窗的变形和力传递。连接点要适应门窗的变形，防止微小位移影响使用。合页位置需要设置连接点，距离不能超过700mm。横、竖档不应设置连接点，最近的连接点距离应不小于150mm。

3. 门窗框和墙体间缝隙的处理

①由于塑料的膨胀系数较大，施工时需要在塑料门窗和墙体之间预留一定宽度的间隙，以允许塑料门窗在不同温度和湿度条件下的伸缩变形。

②为了确保门窗框与墙体间的连接牢固，需要计算出适当的留缝宽度。这个宽度

应考虑到总跨度、膨胀系数以及年温度变化等因素，计算出最大膨胀量，并乘以一个相应的安全系数。通常情况下，留缝宽度为10～20mm。

③门窗框和墙体之间的缝隙应使用泡沫塑料条填充，但不要填得过紧以免框架变形。门窗框四周的内外接缝缝隙应使用硅胶橡胶嵌缝条等密封材料进行填实，而不是水泥砂浆。嵌填封缝材料不能对塑料门窗造成软化或腐蚀作用，并且在门窗框和墙体之间产生相对运动后，仍能保持其密封性能，防止雨水渗入。

④完成嵌填密封后，可以进行墙面抹灰，并增加塑料盖口条等装饰材料。

4. 五金配件的安装

在安装塑料门窗的五金配件时，应先在杆件上钻孔，然后使用自攻螺丝拧入，而不是直接用锤子将其钉入杆件。

5. 清洁工作

安装完成后，应暂时将塑料门窗取下并进行编号管理。在进行门窗洞口的粉刷工作时，应贴上保护贴纸以保护门窗表面。完成粉刷后，还需要及时清除门窗玻璃槽口内的渣灰杂物等。

第五节 全玻璃门的施工

全玻璃门通常采用厚度为12mm的优质平板玻璃、雕花玻璃等，其中一些门的结构包括金属扇框，而另一些活动门扇除了玻璃以外只有局部的金属边条。框架部分通常采用铝合金、不锈钢或黄铜饰面。

一、固定结构部分的安装

（一）施工前准备工作

安装玻璃前，先完成地面和门框的饰面安装，并在门框顶部留出玻璃限位槽（宽度大于玻璃厚度2～4mm，深度10～20mm）。使用木底托固定铝合金等饰面材料，可用木方条加黏结剂或铝合金方管加木螺丝或角铝连接件。

在安装厚玻璃时，需要分别从安装位置的顶部、中部和底部进行测量，并选择测量部位的最小尺寸作为玻璃板的裁切宽度。如果各部位的测量结果一致，玻璃板的切割宽度应比实际测量的尺寸小2～3mm，高度方向的切割尺寸要小于实际测量的尺寸3～5mm。切割完成后，需要对玻璃板的四周进行宽度约2mm的倒角处理。

（二）玻璃板安装固定

安装玻璃时，使用玻璃吸盘将玻璃板吸起并抬到安装位置。先将上部插入门顶框限位槽内，下部落在底托上，并校正位置。在固定玻璃板到底托时，先在底托木方上钉上木条，距离玻璃板约4mm，然后在木条上涂刷胶黏剂，并将不锈钢板或铜板粘贴在木方上。

（三）注胶封口

将玻璃板精确地放到位，然后在玻璃板顶部限位槽处和底托固定处以及玻璃板和框柱对缝处注入玻璃密封胶。在注胶过程中，需要从缝隙端头开始沿着缝隙匀速移动，使其在缝隙处形成一条均匀的胶体直线。完成注胶后，使用刮板清除多余的玻璃胶，然后使用棉布擦拭干净。

（四）玻璃板之间的对接

对于门上需要对接的玻璃部分，需要在接缝处预留2~4mm的空隙，同时对玻璃板的边缘进行倒角处理。将玻璃板放置在准确定位并安装稳固后，均匀地向对接缝隙内注入玻璃胶。注胶完成后，使用刮片清除对缝两侧多余的胶体，并用棉布擦拭干净。

二、玻璃活动门扇的安装

玻璃活动门扇通常不需要门扇框架，而是通过地弹簧来控制门的开关。地弹簧需要与门的上、下部金属横档进行铰接。具体的安装方法如下：

①在安装活动门扇之前，需要将地面上的地弹簧和门扇面横梁上的定位销固定在同一轴线上。安装时，应使用吊锤检查两者的位置是否准确无误，确保地弹簧、转轴和定位销在同一中心线上。

②在玻璃门扇的上下金属横档内划线标记，然后安装销孔板和地弹簧的转动轴连接板，将它们对准划线位置并固定。同时在门扇和地面上分别标记安装位置，以确保安装的准确性。

③在裁剪玻璃时，需要考虑到将来安装时需要插入上下横档的位置，因此玻璃的实际高度要比测量尺寸小3~5mm。这样做可以方便在安装时进行精确定位和调整。

④在门扇高度确定后，将上、下横档固定在门扇上。在玻璃板和金属横档之间的两侧空隙处，同时插入小木条并轻轻敲打，使其固定牢固。然后在小木条、门扇玻璃及横档之间的缝隙中注入玻璃胶，以确保门扇的稳定性和密封性。

⑤安装门扇时，先调节门框横梁上的定位销螺钉高度，再将门扇连接件的孔位套在地弹簧的转动销轴上，将门扇转至90°角，再将转动连接件的孔对准门框横梁上的定

位销插入即可。

⑥在安装全玻璃门的拉手时，通常不需要现场钻孔。这是因为拉手所需的孔洞已经在成品件中预先加工好了。当将拉手连接部分插入孔洞时，需要确保有适当的松动空间，不能插入过紧。为了保证安装的稳固性，可以在拉手插入玻璃孔洞的部分上涂上少量玻璃胶。如果孔洞过大，可以在拉手插入部分周围缠绕软质胶带。

第六节 特殊门窗的施工

特殊门窗的种类较多，在建筑装饰工程中常见的有：防火门、防盗窗、隔声门、卷帘防火、防盗门窗、金属转门、感应门等。

一、防火门的安装施工

防火门是一种为解决建筑消防问题的特殊门，在现代高层建筑中应用非常广泛。

（一）防火门的种类

1. 根据耐火极限分类

根据国际标准防火门的耐火极限分为甲、乙、丙三个等级。

①甲级防火门的耐火极限为1.2h，一般采用全钢板门，无玻璃窗。甲级防火门以防止扩大火灾为主要目的。

②乙级防火门的耐火极限为0.9h，一般采用全钢板门，门上开有小玻璃窗，玻璃采一般用5mm的耐火玻璃或夹丝玻璃。性能较好的木质防火门也可以达到乙级防火门标准。乙级防火门以防止开口部火势蔓延为主要目的。

③丙级防火门的耐火极限为0.6h，一般采用全钢板门，门上开有小玻璃窗，玻璃一般采用5mm的耐火玻璃或夹丝玻璃，大部分的木质防火门都属于丙级防火门标准。

2. 根据门的材质分类

根据防火门材质的不同分为钢制防火门和木质防火门两种。

①通常情况下，钢制防火门采用普通钢板制成，并在门扇夹层中填充岩棉等耐火材料，以满足防火要求。钢制防火门是一种常见的防火门类型，广泛应用于各种建筑物中。

②木质防火门通常是在木质门的表面涂覆耐火材料，并使用防火胶板进行贴面。相比于钢制防火门，木质防火门的耐火性稍差。

（二）防火门的施工

①划线，按照设计要求的尺寸、标高在门框框口位置画线。

②立门框，需要注意以下几点：拆除固定板，预留凹槽，保证门框上下尺寸相同，误差不超过1.5mm，对角线误差不超过2mm。门框要使用木楔进行临时固定，校正合格后再进行焊接固定。

③门扇及附件的安装，需要注意以下几点：用水泥砂浆或细石混凝土填塞门框周边缝隙，确保与墙体连接紧密；在养护凝固后，粉刷洞口和墙体；安装门扇、五金配件和防火装置；确保门缝均匀平整，开关自由顺畅，避免过松、过紧和反弹的情况。

二、金属转门的安装施工

金属转门分为钢制和铝制两种型材结构。钢制转门使用20号碳素结构钢无缝异型管制成，经过喷涂各色涂料处理，具有密闭性好、抗震性好、耐老化性强、转动平稳、坚固耐用等特点。铝制转门采用铝镁硅合金挤压型材，并进行阳极氧化处理成银白、古铜等颜色，具有外形美观、耐蚀性强、重量较轻、使用方便等特点。

金属转门的安装施工按以下步骤进行。

①检查所有零部件是否完整、正常。同时还要检查门樘的外形尺寸是否符合门洞口的尺寸，以及转门壁的位置、预埋件的位置和数量是否符合要求。

②将木桁架与预埋件进行对照，确认其前后、左右位置尺寸，并确保其固定并保持水平。一般情况下，金属转门会与地弹簧门、铰链门或其他固定扇进行组合安装，因此在安装金属转门之前需要先安装其他组合部分。

③安装转轴时，首先要固定好底座，并且底座下部必须要垫实，以免出现下沉现象。接着，在转轴的底座上方临时点焊轴承座，使转轴能够垂直于地平面。

④安装圆转门的顶部和转门壁，不要提前固定转门壁以方便进行调整和活动门扇间隙。安装门扇时，保持门扇和转门壁之间的角度为90°，并确保旋转门上下部分留有适当的间隙。

⑤调整转门壁的位置，确保门扇和转门壁的间隙。调节门扇的高度和旋转的松紧。

⑥焊接上轴承座，用混凝土固定住底座，埋插销下壳后固定住门壁。

⑦门扇上的玻璃必须被稳固可靠，不能出现任何松动或晃动的情况。

⑧安装完成后，钢制结构转门需要进行喷涂涂料处理。

三、隔声门的安装施工

隔声门适用于需要隔音效果的室内空间，例如广播室、声像室和会议室等。隔声门的门扇采用吸音材料制作，门缝采用具有弹性的材料如海绵胶条进行严密密封。通常有三种常见的隔声门类型。

①外包隔声门一般采用木门扇，外层使用软质吸音材料包裹（如人造革），内部填充岩棉，使用压条和泡钉固定，并用海绵橡胶条封严门缝和缝隙。

②填芯隔声门是在门扇芯内填充玻璃棉丝或岩棉，并在门扇缝口处使用海绵橡胶条密封，以达到隔音效果。

③防火隔声门是在门扇框架内填充吸音材料，如岩棉等，外表覆盖石棉板、镀锌铁皮或耐火纤维板等耐火材料。门扇四周缝隙使用海绵橡胶条进行密封，以保证隔音和防火效果。

隔声门的施工及相关注意事项：

①在制作隔声门时，门扇芯内应填充适量的超细玻璃棉丝或岩棉。填充要均匀、不要过于紧密，保持适当的填充空隙。

②门扇与门框之间的缝隙应该用弹性材料（如海绵胶条）填充，并卡紧固定。海绵橡胶条的尺寸应该略大于门框上凹槽的宽度，约1mm，并且要凸出框边2mm，以确保门扇关闭后能紧密贴合。

③对于双扇隔声门，门扇的搭接缝应该做成L形缝，并在搭接缝中间填充海绵橡胶条。门扇关闭时，搭接缝两边的海绵橡胶条应该被挤压贴合，留下2mm的缝隙。

④隔声门底部与地面之间应该保留5mm的缝隙，门扇底部应安装3mm厚的橡胶条，并用通长扁铁压钉固定。接触地面的橡胶条应该延伸5mm以封闭门扇和地面之间的缝隙。

⑤选择隔声门五金配件时，应该充分考虑其对隔声效果的影响。

四、卷帘门窗的安装施工

（一）卷帘门窗的类型

①根据外形的不同，卷帘门窗可分为帘板卷帘门窗、鳞网状卷帘门窗、真管横格卷帘门窗和压花帘卷帘门窗等。

②根据材质的不同，卷帘门窗可分为铝合金卷帘门窗、电化铝合金卷帘门窗、镀锌铁板卷帘门窗、不锈钢板卷帘门窗和钢管、钢筋卷帘门窗等。

③根据传动方式的不同，卷帘门窗可分为电动卷帘门窗、遥控电动卷帘门窗、手动卷帘门窗等。

④根据门扇结构的不同，分为帘板结构卷帘门窗和通花结构卷帘门窗两种。

⑤根据性能的不同，卷帘门窗可分为普通型卷帘门窗、防火型卷帘门窗和抗风型卷帘门窗等。

（二）防火卷帘门的构造

防火卷帘门窗主要由帘板、卷筒体、导轨和电气传动系统等部分构成。帘板可以采用1.5mm厚的冷轧带钢制成C形板，通过重叠连接实现连锁作用。此外，还可以使用钢制L形板组合结构。防火卷帘门配备有温度感应、烟感应和光感应报警系统以及水幕喷淋系统。当发生火灾时，门会自动报警、自动喷淋，并通过自动控制下降和定点延时关闭实现门体的自动控制。防火卷帘门具有显著的综合防火性能。

（三）防火卷帘门的安装

①检查产品说明书，核对产品零部件是否齐全，测量基础尺寸并检查门洞口和卷帘门尺寸是否相符，以及导轨、支架的预埋件数量和位置是否正确。

②测量洞口标高，弹出两导轨垂线及卷帘卷筒中心线。

③安装垫板并用螺丝固定卷筒的左右支架，然后安装卷筒并检查其转动灵活性是否符合要求。

④安装减速器和传动系统，以及电气控制系统，并进行空载试车。

⑤安装预先装配好的帘板在卷筒上。

⑥安装导轨，将两侧及上方导轨焊接牢固在墙体预埋件上，各导轨应在同一垂直面上。

⑦安装水幕喷淋系统，并连接总控制系统。

⑧进行试车，先采用手动方式进行试运行，再用电动机启动数次。全部调试完成后安装防护罩，调整至无卡住、阻滞及异常噪声即可。

⑨安装防护罩，防护罩的尺寸大小要和门的宽度和门条板的卷起后直径相当，确保卷筒将门条板卷满后与防护罩仍保持一定的距离，不相互碰撞，经检查无误后再和防护罩预埋件焊接牢固。

五、感应门的安装施工

微波自动门，也称感应门，采用微波感应技术进行自动开启和关闭，常见的形式有平开式和半弧形中开式。感应门的门扇结构多种多样，包括铝合金、无框全玻璃和薄壁钢管等材质。在安装感应门之前，需要进行电源预设，并在门扇上部设置横梁，用于固定机箱。机箱由电机传动装置、感应装置和导轨等部件组成，可以实现门扇的自动控制。感应门的主要技术指标见表4-6-1。

表4-6-1 感应门的主要技术指标

项目名称	指标参数	项目名称	指标参数
电源	AC 220V/50Hz	感应灵敏度	可调节
功耗	150W	延时时间	10～15s
门速调节	0～350mm/s（单扇）	环境温度	−20～+40℃
微波感应	门前1.5～4m	断电手推力	<100N

感应门一般采用悬挂式安装，因此横梁的安装是十分重要的，需要确保支撑结构具有足够的稳定性。在安装横梁后，需要将机箱固定在横梁上，并安装导轨，然后将感应门挂上，并连接电源进行调试。在调试过程中，需要确保门的运行平稳、速度匀称。此外，还需要留出维修门或维修孔，以便于维修电器箱和装饰横梁。

第七节 门窗工程常用构造节点

一、石材暗门的构造做法

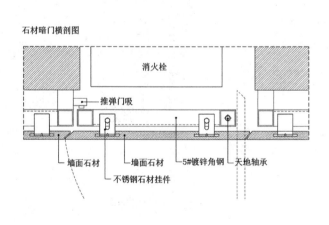

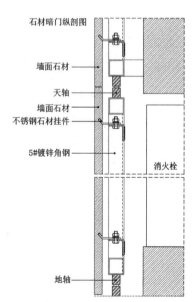

二、暗藏移门的构造做法

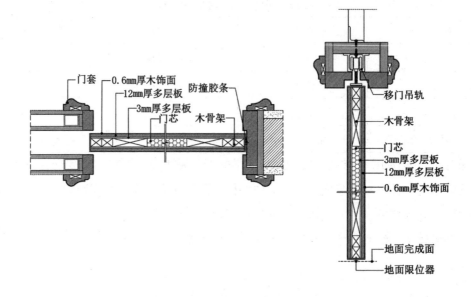

门套　0.6mm厚木饰面　防撞胶条
12mm厚多层板
3mm厚多层板
门芯　木骨架

移门吊轨
木骨架
门芯
3mm厚多层板
12mm厚多层板
0.6mm厚木饰面
地面完成面
地面限位器

三、单开门的构造做法

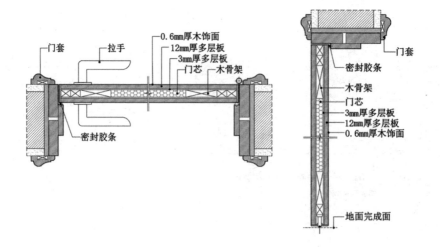

门套　拉手　0.6mm厚木饰面
12mm厚多层板
3mm厚多层板
门芯　木骨架
密封胶条

门套
密封胶条
木骨架
门芯
3mm厚多层板
12mm厚多层板
0.6mm厚木饰面
地面完成面

四、双开门的构造做法

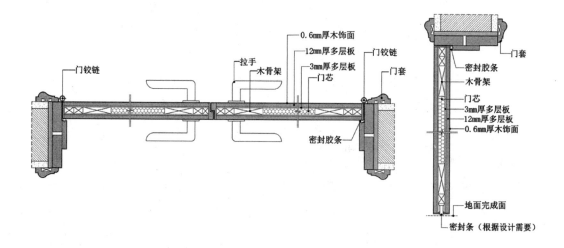

五、淋浴房玻璃铰链门的构造做法

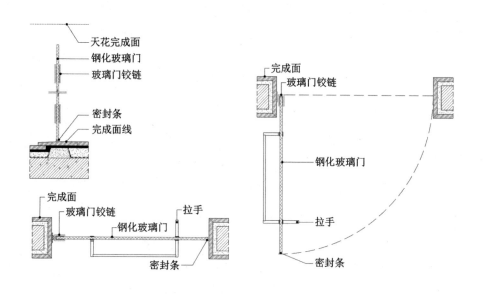

六、地弹簧玻璃门的构造做法

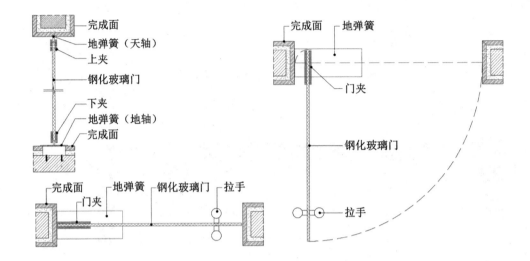

第五章　卫浴设施安装与构造节点

卫浴设施包含多个元素，其中包括洁具、龙头和五金配件等。洁具则包括面盆、便槽、浴缸等不同种类，而龙头则包括淋浴龙头和水槽龙头等多个品类。此外，五金配件还包括手纸盒、肥皂盒等多种小配件。

一、面盆安装

卫浴设施包括洁具、龙头和五金配件。洁具主要包括面盆、便槽和浴缸等。龙头则有淋浴龙头和水槽龙头等不同类型。五金配件则包括手纸盒、肥皂盒等。面盆的种类较多，常见的有台上盆、台下盆和立柱盆等。形状方面则有方形、圆形、椭圆形等不同的选择。在安装时，需要注意水管的位置与面盆的进水和落水位置要对应，同时高度也需要适宜，一般施工时的高度为800mm。

（一）台上盆安装

台上盆是卫浴设施中的一种，它的盆边会露在洗漱台面之上。在安装台上盆之前，需要先将进水管和落水管连接好，然后根据洗漱台的设计宽度制作钢架。制作钢架时，需要根据洗漱台长度适当加强，一般会在中间加档进行焊接。钢架制作完成后，需要将其固定在墙面上。在洗漱台上开一个适合面盆尺寸的洞口，注意洞口尺寸要比面盆盆边小，这样才能确保面盆边能够完全遮盖住洞口。接下来，将台上盆嵌入台面板内，然后在面盆边和台面板接触的部位打上防水胶。台面板的材质有很多种，包括大理石、花岗岩、人造石和玻璃等。在台面板靠近墙体的部位安装挡水板，在台口的部位安装台口板，这样可以起到防漏和美化的效果。

（二）台下盆安装

安装台下盆的方法与安装台上盆基本相同。首先需要安装盆体支架，再确定好盆体的位置并安装好台面托架。接下来，根据盆体的上口尺寸大小，在台面上进行开洞，洞口的尺寸要比盆体上口略小一圈，通常在10mm左右。在安装时，需要在盆口处和台面接触部位装置胶垫，并打上密封胶以防止漏水。

（三）立盆安装

安装立盆需要先确定排水管甩口的中心位置并在墙体上画出竖线标记，再将立柱的中心线与标记对准，放置好盆后标记固定孔的位置，并在立柱地面做好标记。接着在墙体上开孔并插入膨胀螺栓，安装好托架。将15～30mm厚的石灰膏铺在立柱位置上，然后放置立柱并在盆口处加上胶垫和螺母，调整好立柱的松紧度和盆口的水平线及立柱的垂直度。最后用白水泥填缝和建筑密封膏勾缝，确保立盆的安装牢固，接下来的步骤和台上盆、台下盆相同。

二、坐便器安装

坐便器在市场上有多种不同品种和造型，被广泛应用。一般而言，坐便器可以分为两种类型：分体式和连体式。

（一）分体式坐便器

分体式坐便器包括独立的水箱和坐便器主体。在安装时，首先需要清理坐便器周围的预留排水管甩口，并取下临时的管堵清理管道内的杂物。接着将坐便器放到安装位置上并进行定位，标记固定螺栓的位置，并移开坐便器。使用工具在标记的位置打孔并放置膨胀管，再将坐便器固定在位置上，紧固螺丝时需使用胶垫圈，并适当拧紧。安装时，应将坐便器的出水口对准预留排水管甩口放平找正，使用石灰膏塞严抹平坐便器接触的界缝处。当坐便器主体安装到位后，即可安装水箱。水箱安装需要对准坐便器尾部的中心位置，在墙上标记好垂直线和水平线的位置，并根据水箱背面固定孔眼的位置画十字线。使用螺栓固定水箱在墙体上，并按照进水和排水要求将水箱与坐便器主体连接起来。最后，进行试用以确保安装完成。

（二）连体式坐便器

连体式坐便器是一种高端的卫浴设备，它的水箱和坐便器主体是一体的，且在水封下有喷射口，能够通过水流的加速排放方式实现虹吸式排泄。这种坐便器的优点在于排污快速、噪音低。安装方法与分体式坐便器相同，但需要注意的是，一些连体式坐便器上可能会安装各种电器产品，例如温水冲洗器和便洁宝等，因此需要在附近安装电源插座。

三、蹲便器安装

蹲便器的使用卫生程度高、管理方便，适用于各类公共场所。蹲便器主要有两种形式，水箱冲洗式和延迟自闭冲洗式。

（一）水箱冲洗式蹲便器

在安装水箱冲洗式蹲便器前，首先要清理预埋排水管口的杂物，并检查管道是否有杂物。然后使用水平尺找到管口的中心线并在墙上标记。如果蹲便器将安装在建筑底层，则需要砌一级台阶，如果安装在楼层上，则需要加设两级台阶。接着在预埋排水管口上先安装存水弯，再安装蹲便器。在安装存水弯时，需要使用砖和石灰膏垫稳固，并将其捣实。然后在蹲便器位置下铺垫白灰膏，将蹲便器排污口插入存水弯的承口内，接口处要进行抹平、抹光，以确保排水管、存水弯和蹲便器之间没有脱节。接着使用水平尺测量蹲便器两侧的水平位置，找平后用砂填实固定好，并用管堵封好管口以避免杂物进入管道。当所有尺寸都校准好后，可以接通水箱，水箱应使用支架固定，根据实际情况选择洁具。一般来说，高水箱冲洗形式的水箱应安装在2000mm左右的高度位置。最后，接通冲水管，安装控制器，整个安装过程就完成了。

（二）延迟自闭式冲洗蹲便器

延迟自闭式蹲便器采用阀门控制冲洗，可以定时、定量地进行冲洗，同时可以根据需要进行冲洗水量和关闭时间的调整。安装时，根据设计要求确定安装高度，通常为1100mm。在阀门和胶皮碗之间需要安装一个90°弯管，以保证冲洗的顺畅。蹲便器的具体安装方法和水箱冲洗式蹲便器相同。

四、小便器安装

小便器的安装方式可以分为挂墙式和落地式两种。其中，挂墙式小便器会使用螺栓将其瓷体部分固定在墙体上，而落地式小便器则会直接放置在地面上。不同的安装方式需要使用不同的支架和固定材料，以确保小便器的稳固和安全。在安装过程中，需要注意测量墙面和地面的平整度，以及螺栓的紧固度，确保小便器安装牢固可靠。

（一）挂墙式小便器

挂墙式小便器的安装需要先确定给水管的中心线，并在墙面上标出相应的线条，同时根据小便器的尺寸和规格，确定固定孔的位置，使用膨胀螺栓进行固定。安装完毕后，要使用白水泥浆填缝嵌平，确保小便器与墙面之间的接触部分牢固平整。在公共卫生间中，还需要设置地漏和斜度以保证排水畅通。一些高档商业空间中还会安装光控自动冲洗器的小便器，这种产品一般自带水封和暗藏式排水管道设计，具有节能节水的优点。在安装小便器时，还需要在给水管上安装角式截止阀以便于维护和使用。

（二）落地式小便器

安装落地式小便器时，首先需要清理预留的甩口处，然后将带有滤网的排水栓插入小便器排水口。在小便器下面铺设混合灰泥，并加上厚胶垫，然后将小便器的排水栓对准排水管甩口平稳放置，使小便器背部与墙体贴合。最后，在缝隙处填充白水泥浆，并抹平。管道的安装方式与挂墙式小便器相同。值得注意的是，落地式小便器需要在地面上设置地漏，并且地面要有一定的斜度以便于排水。

五、浴缸安装

浴缸有多种类型，包括陶瓷浴缸、钢制搪瓷浴缸、玻璃钢浴缸和GRC仿瓷浴缸。这些浴缸的形状也各不相同，有矩形、圆头、方头、裙边和无裙边、椭圆形、扇形等。此外，不同厂家也会生产不同规格的浴缸。安装浴缸需要分为两个步骤，首先是安装管道，然后再安装浴缸和水龙头。

浴缸通常为长方形，常常被放置在靠墙的位置。在安装前，需要先确定浴缸的尺寸和摆放位置，并进行管道的布置和水龙的定位。如果采用暗装方式，需要进行墙面凿洞，以便将水龙和管道连接到水源。安装时需要确保水龙的高度和位置精确，并计算好后期墙面砖的铺贴位置。完成管道铺设后，将浴缸放置到位。对于带腿的浴缸，需要先卸下腿部螺丝，将拔销插入浴缸底卧槽内，然后将腿扣置于浴缸上，并用螺母拧紧，使其保持平稳。对于无腿的浴缸，需要先进行土建施工，按适当高度进行砖垛砌筑，并用水泥抹平。然后在下部填充一层砂，将浴缸放置在其中。最后，进行防水处理并安装水龙头和淋浴设备。

在浴缸的安装过程中，需要注意浴缸的上口位置和净地面之间的距离通常应该不超过480mm，否则就需要额外设置一个台阶来确保使用的安全性。对于裙边形浴缸，一般会使用插裙板来将浴缸和地面组成一个整体，这种承插式裙板的装置方式非常简便，拆卸方便，后期维护也更加方便。

安装浴缸排水阀时，需要先将溢水管弯头、三通等配件按照尺寸量好并分截装配，然后组成一个整体。接着，要像安装一般水管一样，缠好油盘根绳，并将其插入三通口中，并拧紧锁扣。在三通下口装好铜管插入排水管口内，然后在排水口圆盘下方加上胶垫和油灰，并将其插入浴缸排水孔内。最后，在外部再套上胶垫和眼圈，将丝扣处涂上铅油，并缠上麻丝。使用扳手将排水口十字筋置入弯头内，完成排水阀的安装。接着，将溢水立管的下端套上锁母，缠上油盘根绳，并将其插入三通上口中对准浴缸泄水孔。将浴缸堵螺栓穿过溢水孔花盘，置入弯头丝扣上，再将三通上口锁母拧至松紧适度。最后，在浴缸排水三通出口和排水管接口处缠绕油盘根绳，并捻至紧实，再用油灰封闭。等浴缸排水阀接好后，就可以开始修补墙面砖。接下来，安装冷热水混合龙头，要先清理冷热水给水预留管口的杂物，并抹上铅油处理混合龙头转向对丝缠麻丝。然后，装好护口盘，并将其用扳手插入转向对丝内，分别拧入冷热给水预留管内，校准位置和尺寸使护口盘贴紧墙面。接着，将混合龙头对准转向对丝，加上垫后拧紧锁母，并校准位置。最后，使用扳手拧至适合角度。还有一种是三联混合龙头，除了冷热龙头之外还有一个喷淋龙头。喷淋龙头有明三联和暗三联两种，即是用明管还是用暗管的区别。明管就是将喷淋龙头和冷热龙头一起装，暗管稍微复杂一些，即喷淋管道也需要进行凿墙安装，但装法和前者基本相同。

六、卫浴五金安装

卫浴五金品种繁多，包括手纸盒、肥皂盒、防水镜、毛巾架、拉手和扶手等。安装五金件时需根据设计要求进行定位，并在墙上画好定位线。接着，使用电钻在定位线处打孔，然后安装膨胀螺栓并拧紧以固定五金件。需要注意的是，在打孔时不能损坏墙面瓷砖。

七、卫浴设施常用构造节点

（一）卫生间门槛石的做法构造

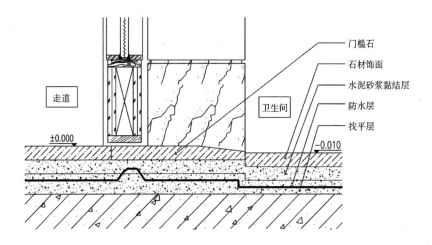

用料及做法：

①地面采用1∶2.5的水泥砂浆找平；刷JS防水三遍，厚度1.5mm，阴角部位做圆角处理，并用1∶2.5的水泥砂浆保护。

②石材采用1∶2.5的水泥砂浆黏结；门槛石宽度依据现场实际尺寸调整，卫生间与门槛石高差为10mm；门槛石加工坡度根据设计需求而定。

（二）卫生间玻璃隔断的做法构造

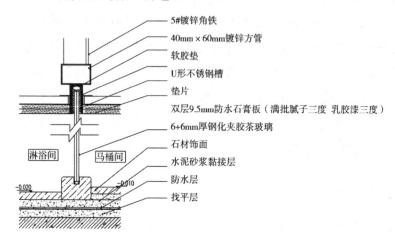

5#镀锌角铁
40mm×60mm镀锌方管
软胶垫
U形不锈钢槽
垫片
双层9.5mm防水石膏板（满批腻子三度 乳胶漆三度）
6+6mm厚钢化夹胶茶玻璃
石材饰面
水泥砂浆黏接层
防水层
找平层

淋浴间　马桶间

-0.020　　-0.010

用料及做法：

①卫生间玻璃隔断采用5#镀锌角钢与钢筋混凝土板固定；40mm×60mm镀锌方管与镀锌角钢焊接固定，连接处满焊接，刷防锈漆三度；U形不锈钢槽与40mm×60mm镀锌方管焊接固定，连接处满焊接，刷防锈漆三度。

②玻璃安装固定与U形不锈钢槽内，U形不锈钢放置软胶垫。

③U形不锈钢与玻璃之间打密封胶封闭。

（三）卫生间坐便器及隐藏式水箱的做法构造

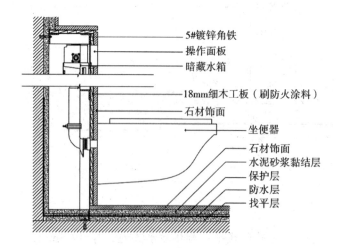

5#镀锌角铁
操作面板
暗藏水箱
18mm细木工板（刷防火涂料）
石材饰面
坐便器
石材饰面
水泥砂浆黏结层
保护层
防水层
找平层

用料及做法：

①基层采用5#镀锌角钢制作骨架，连接处满焊接，刷防锈漆三度。

②骨架与墙面、地面采用膨胀螺栓安装固定。

③坐便器隐蔽式水箱与钢骨架固定。

④18mm细木工板刷防火涂料三度，与5#镀锌角钢采用35mm自攻螺丝固定。

⑤石材采用专用胶黏剂与18mm细木工板黏结固定。

（四）卫生间小便斗的做法构造

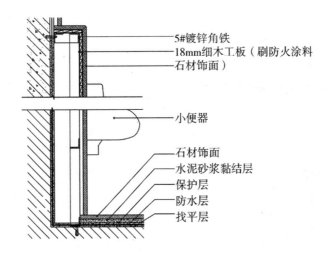

用料及做法：

①基层采用5#镀锌角钢制作骨架，连接处满焊接，刷防锈漆三度。

②骨架与墙面、地面采用膨胀螺栓安装固定。

③18mm细木工板刷防火涂料三度，与5#镀锌角钢采用35mm自攻螺丝固定。

④石材采用专用胶黏剂与18mm细木工板黏结固定。

⑤小便器安装固定件与5#镀锌角钢骨架固定。

（五）卫生间浴缸部位的做法构造（一）

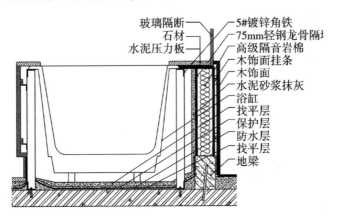

用料及做法：

①地面采用1：2.5的水泥砂浆找平。

②刷JS防水三遍，厚度1.5mm，阴角部位做圆角处理，并用1：2.5的水泥砂浆保护。

③5#镀锌角钢制作钢骨架，连接处满焊接，刷防锈漆三度，采用膨螺栓胀与地面固定。

④浴缸与钢骨架安装固定。

（六）卫生间浴缸部位的做法构造（二）

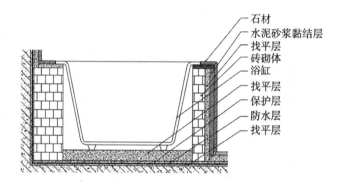

用料及做法：

①地面采用1：2.5的水泥砂浆找平。

②刷JS防水三遍，厚度1.5mm，阴角部位做圆角处理，并用1：2.5的水泥砂浆保护。

③砖砌体制作浴缸基层框架，水泥砂浆抹灰找平。

④石材采用1：2.5的水泥砂浆黏结。

⑤安装固定浴缸。

（七）卫生间台下盆的做法构造

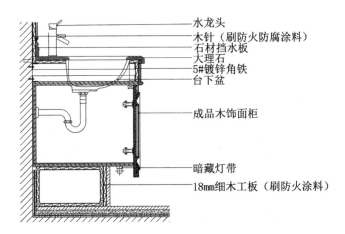

水龙头
木针（刷防火防腐涂料）
石材挡水板
大理石
5#镀锌角铁
台下盆
成品木饰面柜
暗藏灯带
18mm细木工板（刷防火涂料）

用料及做法：

①台盆柜依据现场实际情况，控制尺寸，采用5#镀锌角铁制作成品基层结构框架，角铁连接处满焊接，刷防锈漆三度。

②成品角铁基层结构框架采用膨胀螺栓与墙体固定。

③18mm细木工板刷防火涂料三度，采用自攻螺丝与成品角铁基层结构框架固定。

④大理石采用石材专用胶黏剂与细木工板黏结固定。

⑤木饰面采用定制挂条安装固定。

（八）卫生间台上盆的做法构造

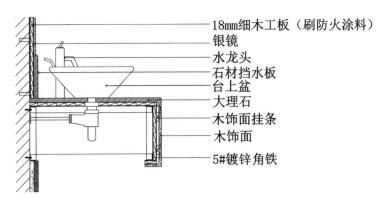

18mm细木工板（刷防火涂料）
银镜
水龙头
石材挡水板
台上盆
大理石
木饰面挂条
木饰面
5#镀锌角铁

用料及做法：

①台盆柜依据现场实际情况，控制尺寸，采用5#镀锌角铁制作成品基层结构框架，角铁连接处满焊接，刷防锈漆三度；

②成品角铁基层结构框架采用膨胀螺栓与墙体固定；

③18mm细木工板刷防火涂料三度，采用自攻螺丝与成品角铁基层结构框架固定。

④大理石采用石材专用胶黏剂与细木工板黏结固定。

⑤木饰面采用定制挂条安装固定。

（九）卫生间地漏的做法构造

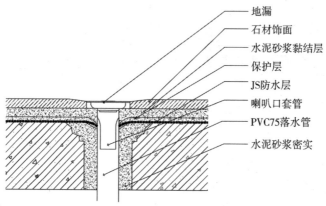

地漏
石材饰面
水泥砂浆黏结层
保护层
JS防水层
喇叭口套管
PVC75落水管
水泥砂浆密实

用料及做法：

①将安装地漏位置楼板进行开孔，吊模安装固定落水管。

②地面找平，刷JS防水三遍，厚度1.5mm，并用1∶2.5的水泥砂浆保护。

③安装固定喇叭口套管。

④采用水泥砂浆黏结石材。

⑤安装固定成品地漏。

（十）卫生间墙面与玻璃隔断的做法构造

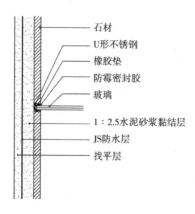

石材
U形不锈钢
橡胶垫
防霉密封胶
玻璃
1∶2.5水泥砂浆黏结层
JS防水层
找平层

用料及做法：

①原建筑墙面采用1∶2.5水泥砂浆找平。

②刷JS防水三遍，厚度1.5mm，并用1：2.5的水泥砂浆保护。

③石材采用水泥砂浆黏结。

④固定安装U形不锈钢。

⑤将玻璃与U形不锈钢固定，打防霉密封胶。

（十一）生间暗藏式地漏的做法构造

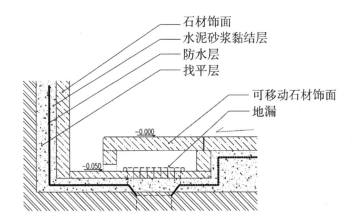

用料及做法：

①地面采用1：2.5的水泥砂浆找平。

②刷JS防水三遍，厚度1.5mm，阴角部位做圆角处理，用1：2.5的水泥砂浆进行保护。

③石材采用1：2.5的水泥砂浆黏结。

④地漏区域石材完成面高度为–50mm。

⑤采用石材盖板遮盖，石材完成面坡度倾向地漏区域。

（十二）卫生间残疾人不锈钢扶手的做法构造

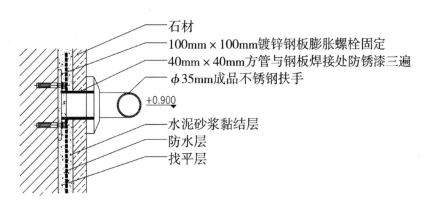

用料及做法：

①原建筑墙面预埋100mm×100mm的镀锌钢板，采用膨胀螺栓固定。

②40mm×40mm的镀锌方管与100mm×100mm的镀锌钢板焊接固定，连接处满焊接，刷防锈漆三度。

③成品不锈钢栏杆扶手与镀锌方管焊接固定，连接处满焊接，刷防锈漆三度。

（十三）水池边缘下水口的做法构造

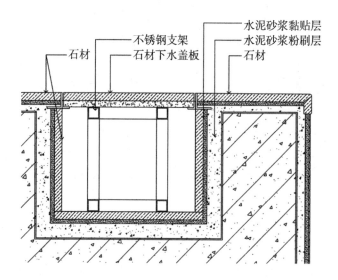

用料及做法：

①沟渠处用规格为30mm×30mm的不锈钢钢管固定不锈钢支架。

②根据现场单独制作石材下水盖板。

③下水口两侧铺贴石材，安装石材下水盖板并注意水平面一致。

参考文献

[1]王军、马军辉. 建筑装饰施工技术［M］. 北京: 北京大学出版社, 2009.

[2]平国安. 室内施工工艺与管理［M］. 北京: 高等教育出版社, 2013.

[3]中华人民共和国住房和城乡建设部, 中华人民共和国国家质量监督检验检疫总局. 建筑装饰装修工程质量验收标准 GB50210—2018［S］. 北京: 中国建筑工业出版社, 2018.

[4]中华人民共和国住房和城乡建设部, 中华人民共和国国家质量监督检验检疫总局. 建筑内部装修设计防火规范 GB 50222—2017［S］. 北京: 中国建筑工业出版社, 2018.

[5]中华人民共和国住房和城乡建设部, 中华人民共和国国家质量监督检验检疫总局. 住宅装饰装修工程施工规范 GB 50327—2001［S］. 北京: 中国建筑工业出版社, 2002.

[6]《住宅装饰装修工程施工规范》（BG50327—2001）.